高等教育"十三五"规划教材·无人机应用技术

无人机概论

严月浩　主编

西北工业大学出版社

西　安

【内容简介】 本书主要内容包括无人机概论、无人机飞行原理、航空器平台、无人机动力系统、无人机导航系统、无人机地面站系统、无人机数据链系统、无人机应用及发展趋势以及无人机社会管理等。本书内容全面、深入浅出、通俗易懂，使读者能够全面了解无人机的基本知识。

本书可以作为高等院校低年级学生的专业基础课教材，也可供初级工程人员和无人机爱好者学习参考。

图书在版编目(CIP)数据

无人机概论 / 严月浩主编． — 西安 ：西北工业大学出版社，2018.7(2024.8 重印)
ISBN 978 - 7 - 5612 - 6166 - 8

Ⅰ.①无… Ⅱ.①严… Ⅲ.①无人驾驶飞机-概论
Ⅳ.①V279

中国版本图书馆 CIP 数据核字(2018)第 174984 号

WURENJI GAILUN

无人机概论

责任编辑：张　潼		策划编辑：杨　军	
责任校对：杨　军		装帧设计：李　飞	

出版发行：西北工业大学出版社
通信地址：西安市友谊西路 127 号　　　邮编：710072
电　　话：(029)88491757，88493844
网　　址：www.nwpup.com
印 刷 者：陕西奇彩印务有限责任公司
开　　本：787 mm×1 092 mm　　　1/16
印　　张：13
字　　数：341 千字
版　　次：2018 年 7 月第 1 版　　2024 年 8 月第 9 次印刷
定　　价：39.80 元

前　言

航空产业是工业生态链的高端产业,是高端制造能力的集中体现,是现代工业的皇冠。无人机无疑是当前航空产业中最具创新活力的载体。无人机产业发展快、应用范围广,它综合了基础、工程和应用学科最新成果,对人类社会生活具有极大的影响力,是21世纪最具有竞争力的产业之一。

无人机技术是集力学、材料学、控制理论、电子信息、先进制造工艺等技术于一体的综合学科。对航空航天学科、电子信息技术、先进制造技术等无人机相关专业的本、专科(高职)应用型工科类学生来说,了解无人机系统的基本知识、基本原理、基本技术、发展概况是非常必要的。本书主要针对高等院校低年级的学生和初级工程人员编写,主旨在于开拓他们的视野,扩大知识面,为今后的学习和工作打下良好的基础。

全书分为十章:第一章绪论,介绍无人机的定义、发展历史、分类标准以及无人机产业情况;第二章无人机飞行原理,介绍无人机飞行环境、原理、空气动力的基本知识、坐标系转换等无人机基础理论知识;第三章航空器平台,介绍固定翼、直升机、多旋翼等航空器平台的原理和基本构成;第四章无人机动力系统,介绍了燃油动力、电池动力等无人机动力系统基本构成;第五章无人机飞行控制系统,介绍无人机飞行控制原理、基本组成、基本算法以及开源飞控;第六章无人机导航系统,介绍北斗、GPS等导航系统基本工作原理;第七章无人机地面站系统,介绍地面站的基本功能和构成;第八章无人机数据链系统,介绍无人机数据传输过程、构成以及关键技术;第九章无人机应用及发展趋势,介绍无人机在行业的应用及发展趋势;第十章无人机的社会管理,介绍无人机引发的社会问题、无人机的反制以及我国无人机相关法律法规。

本书由严月浩担任主编,王艳萍、刘白璐、何云华、韩霞任副主编,刘贞报教授对全书进行了审阅。朱显明、郭通、田珺、黄奕、郑鑫、余晓江、陈旭等在资料收集和文字处理方面做了大量工作。本书的编写过程得到李斌教授、李刚俊教授、贺春林教授的大力支持,在此表示感谢!书中参考了国内外文献资料和兄弟院校的相关资料,在此对其作者表示谢意!

由于本书涉及学科众多、领域广泛,且鉴于笔者水平有限,书中如有不当之处,恳请给予批评指正,以便后续修订更正。

编　者

2018 年 3 月

目　　录

第1章　绪　　论

内容提示

无人机诞生于第一次世界大战期间，最早是作为靶机出现。经过一个世纪的发展，无人机不仅在军用领域展现出强大的生命力，在农业、电力、安防、测绘等民用领域也得到了长足发展。目前无人机产业正处于快速成长期，世界各国都在大力发展无人机产业，我国也涌现出诸多无人机企业及明星产品。

教学要求

(1) 掌握无人机基本概况，了解什么是无人机。

(2) 了解无人机产业发展现状。

(3) 了解主要无人机企业及产品。

内容框架图

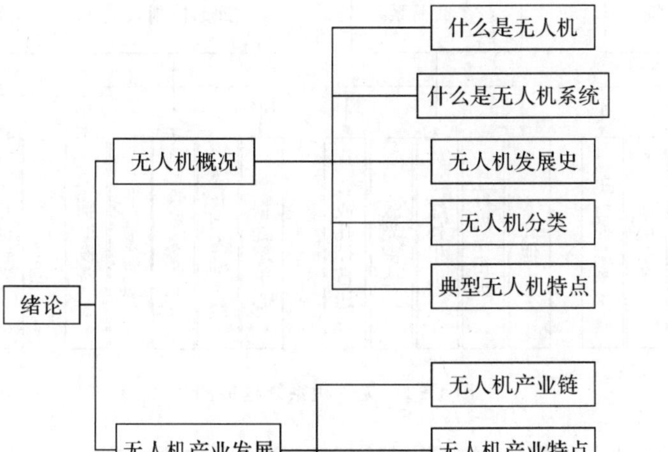

1.1 无人机概述

1.1.1 无人机的定义

无人驾驶航空器简称"无人机",是一种不搭载操作人员,采用空气动力提供升力,利用无线电或机载计算机与导航设备进行自主控制飞行,集成各类有效载荷,可一次性或多次重复使用的飞行器。根据中国民用航空局飞行标准司的规定,无人机(UAV, Unmanned Aircraft Vehicle),是由控制站管理(包括远程操纵或自主飞行)的航空器,也称远程驾驶航空器(RPA, Remotely Piloted Aircraft)。无人机及与其配套的通信站、起飞(发射)回收装置以及无人机的运输、储存和检测等装置又被统称为无人机系统(UAS, Unmanned Aircraft System),也称远程驾驶航空器系统(RPAS, Remotely Piloted Aircraft Systems)。根据任务,无人机系统可分为飞行系统、任务载荷系统、地面控制系统、数据链系统等(见图1-1)。飞行系统相当于无人机系统的"心脏"部分,对无人机的稳定性、数据传输的可靠性、精确度、实时性等都有重要影响,对其飞行性能起决定性的作用;任务载荷系统包括无人机执行任务所需携带的各种任务设备,作为无人机执行任务的必要"手段";地面控制系统主要完成飞行环境监测、飞机性能状态及机载设备监控,起降控制等任务;数据链系统可以保证对遥控指令的准确传输,以及无人机接收、发送信息的实时性和可靠性,以保证信息反馈的及时有效性和顺利、准确的完成任务。

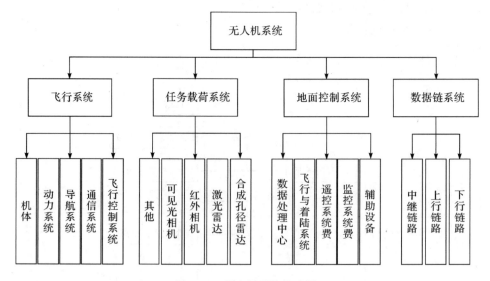

图1-1 无人机系统构成图

常常有人将无人机与航模等同起来,其实它们的不同主要表现在控制方式、飞行方式、模块组成以及执行任务的差别上。

(1)控制方式不同

航模是操纵手通过遥控器或者是控制线进行控制,无人机则是通过飞行控制器(简称飞控)来主动控制飞机的姿态和航线,或者通过数据传输系统实时输入到飞控系统中。

(2)飞行方式不同

飞行方式的区别在于是否有导航飞控系统,能否实现自主飞行。通俗来说,无人机可以实现自主飞行,而航模不可以,必须由人来通过遥控器控制。也就是无人机的本身是带了"大脑"飞行,可能"大脑"受限于人工智能。但是航模的"大脑"始终在操纵人员的手上。

(3)组成不同

通常无人机比航模要复杂。航空模型由飞行平台、动力系统、视距内遥控系统组成。主要是为了大众的观赏性,追求的是外表的像真或是飞行优雅等,具有一定的科技含量。无人机系统由飞行系统、任务载荷系统、地面控制系统、数据链系统等组成。主要是为了完成特定任务,追求的是系统的任务完成能力,科技含量高。

(4)任务不同

无人机可执行多超视距的多任务,任务半径可达上万千米,利用机载导航飞控系统自主飞行,利用链路系统上传控制指令和下传任务信息。航模通常在目视视距范围内飞行,控制半径小于 800 m,操作人员目视飞机,通过手中遥控发射机操纵飞机,机上一般没有任务设备。小微无人机系统也有类似航模的能力,可以在视距内直接遥控操作。

1.1.2　无人机的发展历史

1. 世界无人机的发展历史

(1)第一阶段:萌芽期

无人机最初的发展是战争需要。1914 年英国的卡德尔和皮切尔两位将军提议研制一种无人驾驶空中炸弹,可以自行飞到目标上空消灭敌人,然而多次实验均以失败告终。

1917 美国海军采用了彼得·库伯和艾尔姆·A.斯皮里发明自动陀螺稳定仪,将柯蒂斯 N-9 式教练机改装成了世界上首架无线电控无载人飞行器(UAV,Unmanned Aerial Vehicle)。斯皮里"空中鱼雷"式在飞行测试中挂载一枚 300 磅[①]重的炸弹飞行了 50 mi[②],却从来没有参加过战斗,如图 1-2 所示。

1921 年,英国成功研制世界上第一架靶机,它的飞行高度只有 1.83 km,速度 160 km/h。

1935 年,"蜂王"无人机的问世,是近现代无人机历史上的"开山鼻祖"(见图 1-3)。"蜂王"式的飞行高度达 17 000 ft[③],最大速度为 161 km/h,它在英国皇家海军和皇家空军中服役。随后无人机被运用于各大战场,执行侦察任务,但是由于当时的科技比较落后,无法出色完成任务,所以逐渐受到冷落,甚至被军方弃用。

(2)第二阶段:探索期

1944 年,德国的工程师弗莱舍·弗鲁岑豪设计了"复仇武器"1 号(Vergeltungswaffe)飞行速度为 757 km/h 的无人机,是现代巡航导弹的先驱,可携带弹头达 2 000 lb。

1951 年美国制造了世界上第一款喷气动力无人机"火蜂"的原型机 XQ-2,后装备美国空军,它用来执行情报收集和监听无线信号的任务。

1963—1968 年间美国秘密地进行 M-21 和 D-21 的研发。

---

① 　1 磅(lb)≈0.45kg。

② 　1mi≈1.61km。

③ 　1ft≈0.30m。

图 1-2 "空中鱼雷"式无人机

图 1-3 "蜂王"无人机

科技在不断发展,无人机的技术也在逐渐成熟,1982 年以色列首创无人机与有人机协同作战以及无人机在海湾战争中大放异彩也引起了各国军事高层的重视,开启了无人机真正的发展之路。

(3)第三个阶段:发展期

1986 年 12 月美国先锋 RQ-2A(The Pioneer)无人机首飞成功。它通过火箭助力起飞,起飞质量 416 lb(1 lb≈0.454 kg),航速 109 mi/h(1 mi/h≈1.609 km/h),无人机能够漂浮在水面,并通过海面降落,进行回收。

1994 年美国通用原子公司(General Atomics)制造了 MQ 捕食者无人机,在 1995 年参加了联合国及北约对波斯尼亚的战役。

2004 年制造的 RQ-7B 幻影 200 无人机,是当时无人机家族中最小的一款,被美国陆军和海军陆战队用于入侵伊拉克和阿富汗战场。

2005 年美国制造了能够在战舰自行起飞并且在非预定地点着陆的火力侦察(Fire Scout)无人直升机。

2009 年由洛克希德·马丁公司附属公司臭鼬工厂(Skunk Works)设计并生产的 RQ-170 哨兵号服役于美国空军,飞行高度达到 50 000 ft,2011 年 5 月参加了剿杀了奥萨马·本·拉登行动。

2010 年由美国诺斯罗普·格鲁曼公司研制高空高速无人侦察机 RQ-4A 全球鹰部署于爱德华兹空军基地。全球鹰翼展 35.4 m,长 13.5 m,高 4.62 m,最大飞行速度 644 km/h,最大起飞质量 11 622 kg,最大航程可达 26 000 km,自主飞行时间 41 h,可以完成跨洲飞行。

2.中国军用无人机发展

1966 年 12 月中国第一架无人机靶机"长空一号"首飞成功,开启中国无人机发展之路,如图 1-4 所示。

1978 年 5 月"长虹"一号定型试飞成功,成为中国第一架高空无人驾驶侦察机。

1994 年 12 月由中国西北工业大学研制完成 ASN-206 多用途无人驾驶飞机,具有实时视频侦察系统,机身后部、尾撑之间装有 1 台 HS-700 型四缸二冲程活塞式发动机,功率为 37.3 kW,巡航时间为 4~8 h,航程 150 km,如图 1-5 所示。

2007 年中国航天科技集团公司自主研发"彩虹-3(CH-3)无人机"首飞成功。彩虹-3 无人机是一种由无线电遥控设备或自身程序控制装置操纵的无人驾驶飞行器,采用的是活塞发动机,最远航程能达到 2 400 km,巡航高度 3 000~5 000 m,最大升限 6 000 m,巡航时间可达 12 h,其翼展 8 m,机长 5.5 m,起飞质量达 640 kg;有效载荷 60 kg,最大载荷 100 kg,可携带光电侦察设备甚至 AR-1 型空地导弹,可以从跑道起飞,配备 3 点式起落架,如图 1-6 所示。

图 1-4　长空一号无人机

图 1-5　ASN-206 无人机

2011 年 6 月由中国中航工业成都飞机工业公司自主研究和设计的"翔龙"无人侦察机首次面世,它是一种大型高空高速无人机,机长 14.33 m,翼展 24.86 m,机高 5.413 m,正常起飞质量 6 800 kg,任务载荷 600 kg,作战半径 2 000~2 500 km,续航时间最大 10 h,起飞滑跑距离 350 m,着陆滑跑距离 500 m,如图 1-7 所示。

图 1-6　彩虹-3(CH-3)无人机

图 1-7　翔龙无人机

3.民用无人机发展

21 世纪初,由于电子、信息的技术的发展,飞机机型更加小巧、性能更加稳定,催生了民用无人机的诞生。

2006 年,深圳市大疆创新科技有限公司公司成立,先后推出的 phantom 系列无人机,在世界范围内产生深远影响,研制的 phantom2vision+还在 2014 年被《时代周刊》评为全球十大科技产品,如图 1-8 所示。

图 1-8　四旋翼无人机

2009 年,美国加州 3DRobotics 无人机公司成立,这是一家最初主要制造和销售 DIY 类遥控飞行器(UAV)的相关零部件的公司。

2015 年,是无人机飞速发展的一年,各大运营厂商融资成功,为无人机的发展创造了十分有利的条件,还上线了第一个无人机在线社区。无人机给生活带来了很多便利,但同时如何规范日趋火爆的无人机市场,使其持续、健康的发展是目前亟须解决的问题。

1.1.3 无人机的分类

无人机种类繁多,形式各异。可以按用途、平台构型、空机质量、飞行高度、活动半径等方面分为不同的类型,如图 1-9 所示。

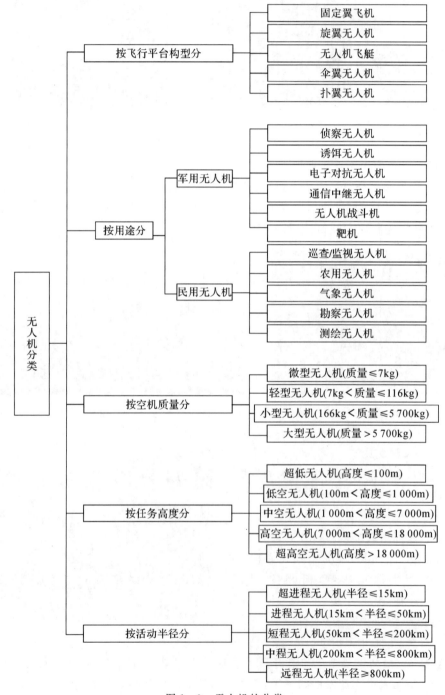

图 1-9 无人机的分类

1.1.4 无人机标准体系

根据无人机的飞速发展,我国中航工业综合技术研究所制订了民用无人机相关发展指南——《无人驾驶航空器系统标准体系建设指南》规划无人驾驶航空器系统标准体系按照"三步走"原则建设,具体如下:

第一步,根据无人驾驶航空器系统分类分级复杂,体积质量及技术构型差异大,应用领域众多等特点,分别从管理和技术两个角度,提取共性抽象特征,构建无人驾驶航空器系统管理架构和技术架构。管理架构由生命周期、分级分类和应用对象组成,技术架构由系统层级、分级分类和平台构型组成。从而界定无人驾驶航空器系统标准化的内涵和外延,提出覆盖研发、注册、鉴定、制造、流通、运行和报废等全生命周期的标准化需求。

第二步,在深入分析标准化需求的基础上,综合无人驾驶航空器系统管理架构和技术架构各维度逻辑关系,将管理架构的分级分类维度和应用对象维度组成的平面依次映射到生命周期维度的七个层级,形成研发、注册、鉴定、制造、流通、运行和报废等七类管理标准;将技术架构的分级分类维度和平台构型维度组成的平面依次映射到系统层级维度的三个层级,形成系统级、分系统级和部件级等三类技术标准。考虑到基础标准和行业应用标准的特殊需求,将基础标准、行业应用标准与管理标准、技术标准共同构成无人驾驶航空器系统标准体系结构。

第三步,对无人驾驶航空器系统标准体系结构分解细化,进而建立无人驾驶航空器系统标准体系框架,指导无人驾驶航空器系统标准体系建设及相关标准立项工作。

1. 无人驾驶航空器系统架构

(1)无人驾驶航空器系统管理架构

无人驾驶航空器系统管理架构通过生命周期、分级分类和应用对象三个维度构建完成,如图 1-10 所示。

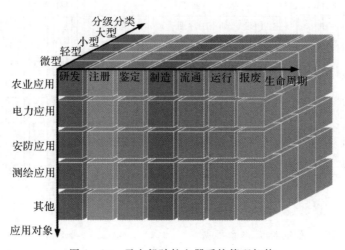

图 1-10 无人驾驶航空器系统管理架构

1)生命周期。生命周期是由研发、注册、鉴定、制造、流通、运行和报废等一系列相互联系的价值创造活动组成的链式集合。生命周期中各项活动相互关联、相互影响。

2)分级分类。根据起飞重量和体积划分,将无人驾驶航空器系统分为微型、轻型、小型和大型。

3)应用对象。从应用对象角度,将无人驾驶航空器系统分为农业应用、电力应用、安防应用、测绘应用、其他应用等五类应用。

(2)无人驾驶航空器系统技术架构

无人驾驶航空器系统技术架构通过系统层级、分级分类和平台构型三个维度构建完成,如图1-11所示。

1)系统层级。系统层级共三层,分别为系统级、分系统级和部件级。

2)分级分类。根据起飞重量和体积划分,将无人驾驶航空器系统分为微型、轻型、小型和大型。

3)平台构型。从平台构型分类角度,将无人驾驶航空器系统分为直升机、多旋翼、固定翼和其他等四类。其他类可包含伞翼、扑翼、混合构型等。

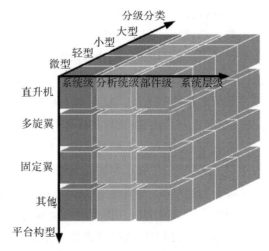

图1-11　无人驾驶航空器系统技术架构

2.无人驾驶航空器系统标准体系结构

无人驾驶航空器系统标准体系结构包括"A 基础标准""B 管理标准""C 技术标准"和"D 行业应用标准"等四个部分,主要反映标准体系各部分的组成关系。无人驾驶航空器系统标准体系结构图如图1-12所示。

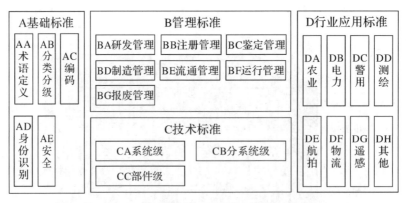

图1-12　无人驾驶航空器系统标准体系结构图

3.无人驾驶航空器系统标准体系框架

无人驾驶航空器系统标准体系框架由无人驾驶航空器系统标准体系结构向下映射而成,是形成无人驾驶航空器系统标准体系的基本组成单元。无人驾驶航空器系统标准体系框架如图1-13所示。

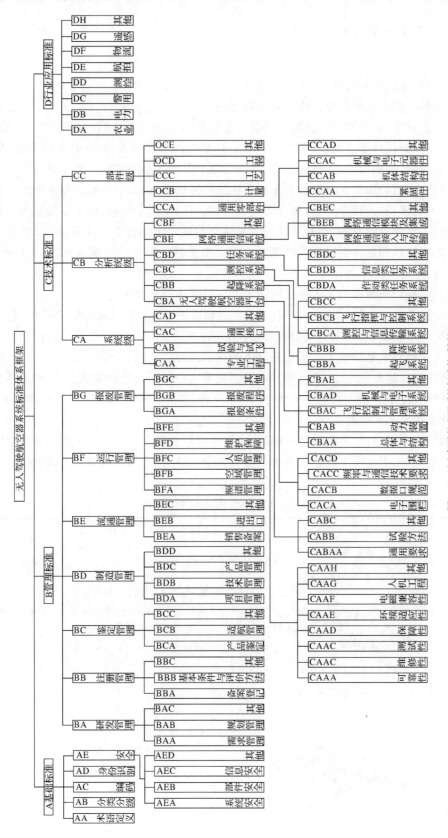

图 1-13 无人驾驶航空器系统标准体系框架

1.1.5 无人机发展趋势与特点

1.无人机发展趋势

目前随着信息技术的发展,无人机发展将会出现以下发展趋势:

(1)无人机发展与新兴信息技术产业密切相关

大数据、云计算、物联网(含互联网)等新兴信息技术产业发展,正在深刻影响着无人机技术的变革。在大数据技术方面,无人机作为空中移动的传感器节点,能够在大地测绘、国土资源调查、气象探测、交通监管、工林业生产、物流运输、个人消费等领域产生海量的数据。还包括无人机飞行参数信息,部分数据具有至关重要的经济效益,而大部分数据需依托大数据技术进行综合开发利用;在云计算方面,将来无人机的机上计算、机上存储、机上智能能力都需要通过云端来解决;在物联网方面,物联网是一个比移动互联网更加复杂的生态系统,倡导万物互联,无人机融入物联网后将更好地发挥机动、灵动、传感器数据多样等优点,实现人机交互、互操作、互理解。

(2)信息基础设施将成为无人机组网测控和飞行管理的重要依托

现在,要想将无人机产业化,必须依托基础信息设施来解决未来交通的管理问题。移动通信基础设施、互联网基础设施以及广播电视基础设施都将成为无人机组网和飞行管理的重要依托。

(3)人工智能技术是提升无人机应用能力的技术之首

人工智能技术对无人机的发展有着核心的引用导向。从无人机的发展来看,环境感知与规避,智能路径规划、智能飞控、智能空域整合和智能飞行、多机协同涉,都需要人工智能技术支持。

2.常规类型无人机的特点

无人机与有人机相比,具有制造维护成本低、体积小的特点。由于不需要人员生存保障系统和应急救生系统,所以大大减小了飞机质量和安全风险系数,当前典型无人机类型的特点见表1-1。

表1-1 典型无人机特点

序 号	类 型	特 点
1	固定翼无人机 	优势:续航时间长、载荷大 缺陷:起飞须助跑、降落须滑行、不能空中悬停 应用领域:军用、专业级民用
2	无人直升机 	优势:垂直起降、空中悬停 缺陷:机翼结构复杂、维护费用高 应用领域:军用、专业级民用

续表

序号	类 型	特 点
3	多旋翼无人机	优势:垂直升降、空中悬停、结构简单 缺陷:续航短、载荷小 应用领域:民用
4	无人飞艇	优势:垂直起降、空中悬停 缺陷:速度慢、机动性差 应用领域:航拍、空中巡视、大气监测
5	无人伞翼机	优势:体积小、飞行高度低、成本低 缺陷:抗风性差、高空飞行不佳 应用领域:民用
6	扑翼无人机	优势:垂直起降、动力系统和控制系统合为一体 缺陷:难于高速化、大型化,材料要求较高 应用领域:军用、民用
7	变翼无人机	优势:通过机翼后掠角变化,能在低速和高速飞行中获得理想的机翼前缘升力 缺陷:结构复杂、机身质量大 应用领域:民用、军用

1.2 无人机产业介绍

1.2.1 无人机产业链

按照常规产业链发展规律将无人机产业链分为上、中、下游产业链。上游产业链主要是无人机核心基础部件、任务载荷制造等企业组成,中游产业链主要是为系统研发、集成测试及整机制造企业、下游产业链主要是无人机应用服务,如图 1-14 所示。

在产业链上游主要是基础部件生产、任务载荷制造、软件设计等行业。其中生产桨叶的企业主要有日本三菱丽阳、日本东丽工业、美国 Hartzell、德国西格里、中航(惠阳)、威海拓展、吉林神舟、四川新万兴等;生产电机和电调的公司主要有日本三菱电机、瑞士 ABB、德国西门子、朗宇、新西达、亚拓、银燕等;生产电池的公司主要有 ATL、Maxell、格瑞普、欣旺达、倍特力、格氏、比亚迪、佛山实达、德赛电池;生产发动机的公司主要有小松、DLE、3W、本田、成飞、哈飞、美乐迪(台湾)、DAL;生产遥控器的企业主要有日本 FUTABA、日本 JR、德国 GRAUPNER、韩国 HITECH、天地飞、乐迪、华科尔、亚诺;生产主控芯片的公司主要有意法半导体、英特尔、飞思卡尔、联发科、展讯、华为(海思);生产任务载荷的公司主要有 GoPro、MoKacam、Parrort、索尼、大疆、亿航、龙视安、海康威视、LORAL、法国 TRT-Atlis、英国 GEC、中航工业(洛光)、哈飞集团、成都振芯科技、凯迈测控等。

在产业链中游系统研发、集成测试和机体制造的主要企业有洛克希德、3DR、Parrort、AscTec、成飞、深圳大疆、成都纵横、广州极飞、BOSCAM、欧姆威、BeeRotor、Amimon、天麒科技、时代星光、大疆、肥鲨、锐鹰、天宝、佳明、泰莱斯、Topcon、凯立德、佳明航电、中电科、九洲、Futaba、JR、SANWA 等。

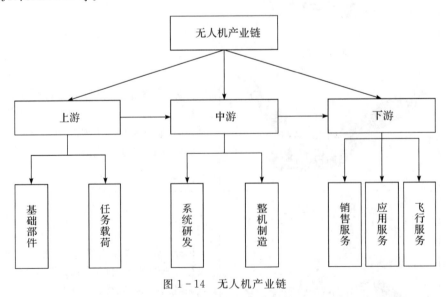

图 1-14 无人机产业链

下游分为无人机销售应用服务、飞行服务等。主要销售商有 Amazon、ebay、京东、苏宁易购、淘宝等;无人机飞行服务机构有中国民用航空局、美国联邦航空管理局、AOPA 协会、BM-

FA、SkyCatch、DroneBase、Droners、Yamaha、中国极飞科技、天麒科技、安阳全丰航空、易瓦特科技 Precision 、SenseFly、Airware、AscTec 等。

1.2.2 无人机产业特点

无人机产业具有产业链长、关联度高、带动性广、就业面宽、拉动消费能力强的特性,在国民经济建设和社会发展方面发挥着越来越重要的作用。在民用消费级无人机领域,大疆等企业凭借多旋翼无人机迅速崛起,市场井喷式发展。而民用工业级无人机领域整体还处在技术积累阶段,行业整体呈现分化局面,电力、安防、农业、森林防火、警用等不同细分领域的应用稳步增长。

目前全球无人机产业正处于成长期(见图 1-15)。营利模式主要以软硬件销售、应用服务和大数据为主,见表 1-2。中国的大多数企业从事各类无人机产品的研发和服务,美国的大多数企业从事无人机的应用服务。从全球来看,商用无人机市场不仅仅是平台和硬件,其主要驱动力正在转向应用服务、数据、运营商、建模服务等行业。

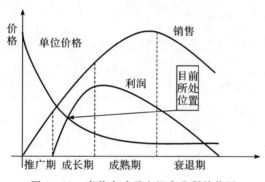

图 1-15 当前全球无人机产业所处位置

表 1-2 无人机商业模式

商业模式	内容
培训服务	民用无人机对技术性、操作性要求高,未来社会对飞手培训、高校人才培养需求潜力大
大数据服务	民用无人本质上是数据采集工具,未来无人机可充当空中资源节点,为云计算和大数据服务
专业飞行服务	专业级无人机成本高、保养难、操作复杂、飞控要求高,这将衍生大批专业航空服务公司,提供农业植保、森林防火、救灾、测绘、航拍等服务
数据处理软件服务	由无人机采集的数据将呈几何级数增长,测绘应用处理软件、无人机图像采集分析系统等软件服务将产生巨大的收益
软硬件定制化服务	未来专业级无人机将广泛应用到更多行业、场景中,根据行业的差异性需求定制化硬软件服务

过去的经验表明,硬件市场发展到一定时期,其增长趋势会逐渐放缓,传统的硬件销售模

式将面临瓶颈。因此,企业要持续发展,应积极尝试无人机服务模式的可行性,将无人机直接为用户服务作为一个新的盈利点。

1.2.3 国内外主要无人机企业及产品

目前无人机产业正处于快速增长的成长期,市场需求巨大。目前,研究和生产无人机的国家主要有美国、中国、俄罗斯、以色列、英国等近30个国家,无人机的型号已经达到200种以上,部分国内外知名军用和民用无人机企业的代表性产品见表1-4和表1-5。

表1-4 主要军用无人机单位及产品(排名不分先后)

国家	国内外企业	主要产品
美国	波音公司	X-48B、X-48C、QF-16 无人机
	通用原子航空系统公司	MQ-9 死神、XP 型捕食者等
	洛克希德·马丁空间系统公司	RQ-170、Desert Hawk、RQ-3
	航空环境公司	扫描鹰
	飞机军械有限公司	RQ-170
	诺斯普罗·格鲁门公司	MQ-4B 全球鹰、MQ-4C 神等
	霍尼韦尔公司	T-Hawk/gMAV
以色列	以色列飞机工业公司	苍鹭、鸟眼-400、探索者等
	埃尔比特系统公司	赫尔墨斯
法国	SAGEM	斯佩维尔
英国	奎奈蒂克	西风-7
意大利	Finmeccanica	法尔科
加拿大	MMIST	CQ-1OA 雪雁
奥地利	西贝尔公司	S-100 坎姆考普斯
德国	EMT	月神
土耳其	Baykar Machine	巴伊拉克塔尔 B
中国	中航工业成都飞机设计研究所	翼龙等
	中航工业沈阳飞机设计研究所	暗剑、利剑等
	潍坊天翔航空工业有限公司	V750 无人直升机
	中航贵州飞机有限责任公司	鹞鹰、翔龙等
	中航工业成都飞机工业(集团)有限责任公司	云影等
	中国航天科工三院	刀锋、天鹰、腾飞等系列
	航天科技第十一研究院	彩虹系列
	电子科技第三十八研究所	飞艇系列

表 1 - 5 主要民用无人机单位及产品(排名不分先后)

国家	国内外企业	主要产品
中国	大疆创新	精灵系列
	亿航	Ghost
	零度	Xplorer 系列
	极飞	XMission 极侠
	深圳一电	AP12
	无锡汉和	CD - 15
	沈阳无距	THEONE - A
	易瓦特	VD200
	臻迪科技	U8
	科比特	HYDrone
	四川纵横	W - 20
	成都天麒	V01
	昊翔科技	Typhoon Q500
	北方天途	M 系类
美国	3D Robotics	Solo
	Skycatch	SKY - 3
德国	Microdrones	Md4 - 1000
	AscTec	AscTec Firefly
以色列	Flytrex Sky	MOPO - 8
法国	Parrot	Rolling Spider

课 后 练 习

1. 我国民用航空局对"无人机"的定义是什么?
2. 第一架真正意义上的无人机诞生于哪一年?
3. 请就固定翼无人机与多旋翼无人机特点列表比对。
4. 请列举至少三个典型无人机的特点。

第 2 章　无人机飞行原理

内容提示

无人机为什么能够在天上自由地飞行而不会掉下来呢？其实这与无人机的结构和飞行的环境有着密切的关系。这一章我们一起去学习无人机飞行的基本原理,通过这一章的学习我们能够掌握无人机行的基本原理。

教学要求

(1) 掌握流体的两个基本定理。
(2) 掌握无人机是怎样产生升力的。
(3) 了解无人机阻力的产生以及影响升力和阻力的因素。
(4) 掌握无人机的常用坐标系以及坐标系间的转换。

内容框架图

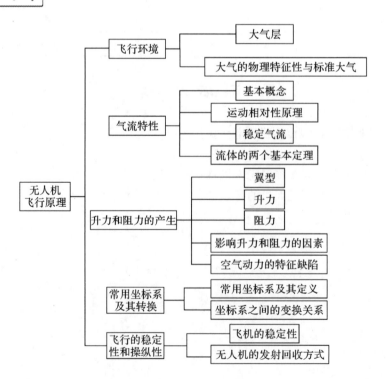

2.1　无人机的飞行环境

飞行器的飞行离不开飞行环境,飞行环境对飞行器的结构、材料、机载设备和飞行性能都有非常重要的影响。只有了解和掌握了飞行环境的变化规律,并设法克服或减少飞行环境对飞行器的影响,才能保证飞行器飞行的准确性和可靠性。无人机的飞行环境主要包括地球表面的大气层和地球大气层以外的宇宙空间。

2.1.1　大气层

除了宇宙航行的飞行器外,所有的航空器的飞行活动范围就是大气层。包围在地球外表的那一层空气称为大气层,它可以分为五层(见图 2-1)。

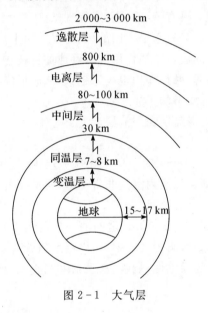

图 2-1　大气层

从地球表面向高处划分,分别如下。

(1)变温层

变温层是贴近地面的一层也称为对流层,它的底界是地球表面,顶界则因地球纬度和季节等情况变化而变化。就纬度而言,对流层的顶界在赤道区的平均高度约为 15~17 km,在中纬度地区的平均高度约为 10~12 km,在南北极约为 8~9 km。也就是说,由赤道向南北极,随着纬度的增加,对流层顶界逐渐降低。就季节而言,对流层的顶界夏季高于冬季。这层大气有以下特点:

1)对流层的高度是随地面温度的高低而变化的,所以同一地区早、中、晚和夏季、冬季,它的厚度是变化的。空气的温度随高度的增加而降低,同时气压随高度的增加而降低。这层气体温度的变化,是因为气体很少能直接吸收太阳照射的热能,通常依靠地面吸收太阳热能而被加热的。所以离地面越近,气温越高;离地面越远,气温越低。

2)含有大量的水蒸气及其他灰尘微粒,因而有云、雨、雪、雹、风等气象变化。

3)由于地面情况不同以及地形的不同,因而造成垂直方向或水平方向的风。例如沙漠吸热多、散热快,当沙漠上空的空气被加热,温度高而膨胀上升时,四周的冷空气就流过来补充,因而形成水平方向和垂直方向的风。另外水平风遇到山峰就会转折成为垂直风,此外海洋、森林、湖泊、草地等地面情况的不同也是产生风的原因。风对飞行器的飞行也会产生一定的影响。

(2)同温层

同温层位于对流层之上,也称为平流层,地球表面距其顶界伸展到 50~55 km。在平流层大气主要是水平方向的流动,没有上下对流。随着高度的增加,起初气温基本保持不变;到 20~32 km 以上,气温升高较快,到了平流层顶界,气温升高。平流层的这种气温分布特征同它受地面影响较小和存在大量臭氧有关。平流层的主要特点是空气沿铅垂方向的运动较弱,因而气流比较平稳,能见度较好。这层大气的特点:

1)温度大致相等,约为 −56.5 ℃左右,但赤道上空的气温高于两极上空的气温。

2)几乎不存在水蒸气,因而没有云、雾、雨、雪等现象。

3)这层空气没有上下对流,只有水平方向的风,所以又叫平流层。由于这层空气中的风是因地球自西向东自转,下层空气通过摩擦作用而跟着地球自转,并通过摩擦作用带动上层空气而产生的,所以空气越高越稀薄,摩擦作用也越来越少,从而形成与地球自转方向相反的风。

4)同温层中的空气约占总质量的 1/4。

飞行器飞行的理想环境是对流层和平流层。

(3)中间层

中间层为离地球表面 50~85 km 的一层。在这一层内,气温随高度升高而下降,且空气有相当强烈的铅垂方向的运动。该层内空气非常稀薄,质量仅占整个大气质量的 1/3 000。

(4)电离层

从中间层顶界到离地平面 80~800 km 之间的一层称为电离层也叫热层。在此层内,空气密度极小,由于空气直接受到太阳短波辐射,所以温度随着高度增加而上升。同时空气处于高度电离状态,因此带有很强的导电性,能吸收、发射和折射无线电波。这对远距离无线电通信起着很大的作用。

(5)散逸层

热层顶界以上为散逸层,它是地球大气的最外层。在此层内,空气极其稀薄,又远离地面,受地球引力很小,因而大气分子不断地向星际空间逃逸。大气外层的顶界约为 2 000~3 000 km 的高度。

2.1.2　大气的物理特性与标准大气

1.大气的物理特性

(1)连续性

大气是由分子构成的,在标准状态下(即在气体温度为 15 ℃、压强为 1 个标准大气压的海平面上,1 个标准大气压=101 325 Pa),每立方毫米的空间里含有 2.7×10^{16} 个分子。当飞行器在这种空气介质中运动时,由于飞行器的外形尺寸远远大于气体分子的自由行程,故在研究飞行器和大气之间的相对运动时,气体分子之间的距离完全可以忽略不计,即把气体看成是连续的介质。这就是在空气动力学中常说的连续性假说。

（2）压强

大气的压强是指物体的单位面积上所承受的大气的法向作用力的大小。压强的单位是帕，$1 \ \text{Pa}＝1 \ \text{N/m}^2$。

（3）黏性

大气的黏性是空气在流动过程中表现出的一种物理性质，大气的黏性力是相邻大气层之间相互运动时产生的牵扯作用力，也叫做大气的内摩擦力（见图 2-2）。

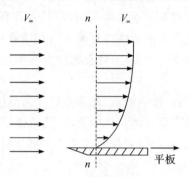

图 2-2　空气黏性实验

（4）可压缩性

气体的可压缩性是指当气体的压强改变时其密度和体积改变的性质。不同状态的物质可压缩性也不同。液体对这种变化的反应很小，因此一般认为液体是不可压缩的；而气体对这种变化的反应很大，所以一般来讲气体是可压缩的物质。

（5）声速

声速是指声波在物体中传播的速度，声波是一个振动的声源在介质中传播时产生的疏密波。

2. 标准大气

前面所述的大气物理性质是随着所在地理位置、季节和高度而变化的，这样就使得航空器上产生的空气动力也发生变化，从而使飞行性能发生变化。为了在进行航空器的设计、试验和分析时所用大气物理参数不因地而异，必须建立一个统一的标准，即所谓的标准大气。

国际标准大气的规定如下：

1）大气被看成理想气体。

2）海平面的高度为零。

3. 国际标准大气及其物理性质

航空飞行器都在大气层（主要是变温层和同温层）飞行。空气的压强、温度和高度有关。

国际标准大气在海平面处参数如下：

1）压强　　$P_{ON}＝1.013 \ 25×10^5 \ \text{Pa}$

2）温度　　$t_{ON}＝15 \ ℃＝288 \ \text{K}$

3）密度　　$\rho_{ON}＝1.25 \ \text{kg/m}^3$

2.2 气流特性

2.2.1 基本概念

本节简单介绍无人机飞行涉及的一些空气动力学基本概念。

1)流体质点:在连续介质内对某一点取得极小,但却包含有足够多的分子(宏观:足够小;微观:足够大),使其不失去连续介质的特性而有确定的物理值。

2)连续介质:从流体的宏观特性出发,流体充满的空间里是有大量的没有间隙存在的流体质点组成的。

3)流体微团(元体、微元体):由质点组成、比质点稍大的流体单元。

4)流场:将上述连续介质模型描述的流体叫流场,或流体流动的全部范围叫流场。流体的速度、压强、温度、密度、浓度等属性都可看作时间和空间的连续函数,从而可以利用数学上连续函数的方法来定量描述。

5)流线:在流场中每一点上都与速度矢量相切的曲线称为流线。流线是同一时刻不同流体质点所组成的曲线,它给出该时刻不同流体质点的速度方向(见图2-3)。

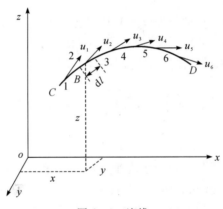

图 2 - 3 流线

6)流管:流管是在运动流体空间内作一微小的闭合曲线,通过该闭合曲线上各点的流线围成的细管(见图2-4)。

图 2 - 4 流管

7)流体的黏性:流体的黏性是指在流体运动时,流体内部各微团或流层之间由于具有相对运动而产生内摩擦力以阻止流体做相对运动的性质。显然,任何实际流体都是具有黏性的。黏性是实际流体的固有属性。

8)理想流体:不可压缩的、没有黏滞性的流体,称为理想流体。理想流体是一种理想化的模型。

9)定常流动:流体(气体、液体)流动时,若流体中任何一点的压力,速度和密度等物理量都不随时间变化,则这种流动就称为定常流动,也可称之为"稳态流动"或者"恒定流动";反之,只要压力,速度和密度中任意一个物理量随时间而变化,流体就是作非定常流动或者说流体作时变流动。

2.2.2　运动相对性原理

重于空气的飞机,是靠飞机与空气作相对运动时所产生的空气动力,克服自身的重力而升空的。没有飞行速度,在飞机上就不会产生空气动力。空气动力的产生是空气和飞机之间有了相对运动的结果。因此要了解飞机的飞行原理,首先应该了解飞机与空气之间的相对运动规律。

假设飞机在静止的大气中(无风状态)作水平等速直线飞行。如果观察者坐在高空气球(固定在空气中的某一位置)上来描述飞机在静止大气中做水平等速直线飞行这一运动状态,则飞机将以速度 v 向左飞行,并将扰动周围的空气使之产生运动,如图 2-5(a)所示。按照牛顿力学第三定律(力的作用力与反作用原理),运动起来的空气同时将在飞机的外表面上产生空气动力。

如果另一观察者就坐在飞机上,观察到的将是另一个情景:远前方空气(连同前一个观察者及乘坐的气球)将以速度 v 流向静止不动的飞机,但方向相反,如图 2-5(b)所示。远前方气流流过飞机外表面时,空气的流动速度 v 和压强 p 等都将发生变化并产生空气动力。

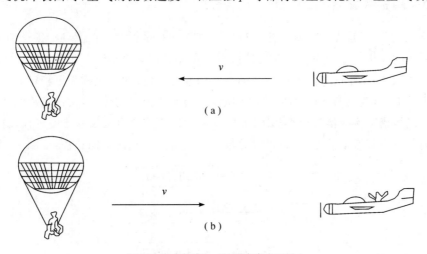

(a)观察者在气球上;(b)观察者在飞机上

图 2-5　相对运动原理图

由上面的例子分析得出作用在飞机上的空气动力不会因观察者的角度发生变化而变化,无论是飞机在静止的空气中飞行还是气流流过静止的飞机,只要两者相对速度相等,飞机上所受的空气动力就完全相等。这个原理就叫做"相对运动原理"。

风洞实验的理论依据就是运动相对性原理和流动相似性原理(见图 2-6)。根据相对性原理,飞机在静止空气中飞行所受到的空气动力,与飞机静止不动、空气以同样的速度反方向吹来,两者的作用是一样的。但飞机迎风面积比较大,如机翼翼展小的几米、十几米,大的几十米(波音 747 是 60 m),使迎风面积如此大的气流以相当于飞行的速度吹过来,其动力消耗将是惊人的。根据相似性原理,可以将飞机做成几何相似的小尺度模型,只要保持某些相似参数一致,试验的气流速度在一定范围内也可以低于飞行速度,并可以根据试验结果推算出真实飞行时作用于飞机的空气动力。

图 2-6 风洞实验

2.2.3 稳定气流

要研究空气动力,首先要了解气流的特性。气流特性是指空气在流动中各点的速度、压力和密度等参数的变化规律。而稳定气流是指空气在流动时,空间各点上的参数不随时间而变化。如果空气流动时,空间各点上的参数随时间而改变,这样的气流称为不稳定气流。

在稳定气流中,空气微团流动的路线叫做流线。流体流过物体时,由许多流线所组成的图形,就叫做"流线谱",流线谱的分类如图图 2-7 所示。流线谱真实反映了空气流动的全貌,可以看出空间各点空气流动的方向,也可以比较出空间各点空气流动的快慢,如图 2-8 所示。

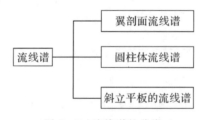

图 2-7 流线谱的分类

因为空气微团总是沿着流线流动,所以在流线一边的空气不会流到流线的另一边。对管道的横截面而言,任何相邻流线都可以看成是管道的管壁。两条流线之间的空气就好像沿管中流动一样。通常把流线所组成的管子叫做流管,如图 2-8(d)所示。

流线愈稠密,流线之间的距离越小,就是流管变细。相反,流线愈稀疏,流线之间的距离扩大,就是流管变粗。

如果流动是稳定的,由于同一流线上的空气微团都以同样的轨道流动,那么,流管的形状就不随时间变化。这样,在稳定流动中,整个气流可以认为是许多单独的流管组成。

从上面四个图中可以得出,流过凸起部分的流线之间的距离越小,则流管越细。

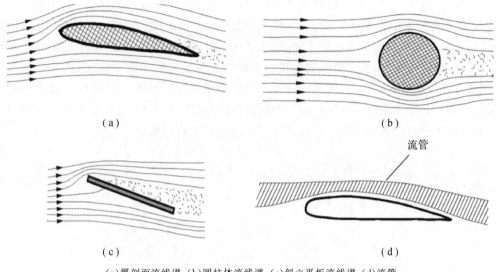

（a）翼剖面流线谱;（b）圆柱体流线谱;（c）斜立平板流线谱;（d）流管

图 2 - 8　流线谱与流管

2.2.4　流体的两个基本定理

飞机为什么能升空飞行呢?

这就是说,存在一种力量,能托起飞机,而这个力就是升力。升力的产生来源于机翼上、下表面的压强差,即下表面的压强大于上表面的压强。由图 2 - 9 可以看出,空气流过机翼时,气流会沿上下表面分开,并在后缘处汇合。由于机翼上表面凸起,则流管越细,根据流体的连续性定理,流管细的地方,流速越快,而机翼下表面,流管相对较粗,则流速比较慢;根据伯努利原理,上表面高速气流对机翼的压力较小,下表面低速气流对机翼压力较大,这样机翼上、下表面就产生了压力差。飞机就是利用这种压力差,产生升力并克服自身的重力飞上天的。

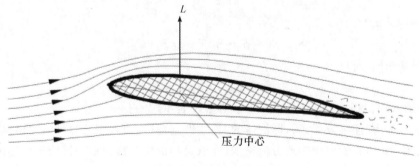

图 2 - 9　机翼升力的产生

现在学习流体（包括气体和液体）的两个基本定理:

(1)连续性定理

现在来做一个简单的实验,如图 2-10 所示。在一个容器中注满了流体,把进口和出口开关同时打开,让流体经过一根剖面积不等的管道流出来,并保持液面的高度不变,这时流体的流动便是稳定的流动。所谓稳定的流动,就是指物体流动时的物理特性,如速度、密度、压强等不随时间变化。同时假定流速不是很快,因而认为流体是不可压缩的。此外若管道壁和容器壁没有漏损,那么根据"质量守恒法则",在一秒钟内有多少质量的流体流入,就有多少质量的流体流出。即在相等的时间内,流过管道任一剖面的质量是相等的。例如在一秒钟内流过任一剖面 S_1,S_2 及 S_3 的流体质量均相等,否则流体的质量就会有增、有减而不符合"质量守恒"法则,而且流体的流动也会中断。这就违反了流体连续流动的本性。

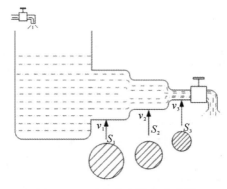

图 2-10 流体在容器中流动图

假设:单位时间流过剖面 S_1、S_2、S_3 处的水质量为 m_1、m_2、m_3,则
$$m_1 = m_2 = m_3 = 常量$$
由于
$$m = \frac{M}{t}, \quad p = \frac{M}{V}, \quad V = lS, \quad v = \frac{l}{t} \tag{2-1}$$
因此
$$m_1 = \frac{M_1}{t} = \frac{p_1 V_1}{t} = \frac{p_1 (l_1 S_1)}{t} = \frac{p_1 (v_1 t S_1)}{t} = p_1 v_1 S_1$$
同理可得 m_2 和 m_3。所以
$$p_1 v_1 S_1 = p_2 v_2 S_2 = p_3 v_2 S_3 = 常量 \tag{2-2}$$
由于密度相同,所以
$$v_1 S_1 = v_2 S_2 = v_3 S_3 = 常量 \tag{2-3}$$
其中,S 表示截面面积,v 表示流速,m 表示质量,l 表示时间。

式(2-3)称为"连续方程式",即液体的"连续性定理"。由式(2-3)可以看出:当液体在管道中稳定地流动时,在管道细的地方流速快;在管道粗的地方流速慢。即流体流速的快慢与管道剖面积成反比,因为在管道细的地方流体必须流得快才能赶上与其他流体一道流出,否则会产生流体的堆积,而在管道粗的地方,流体必须流得慢一些,才能充满整个管道,而不产生空隙地流出去。流体的连续性定理是流体流动的一条重要基本定理,也是"质量守恒"定理的具体表现。

（2）伯努利原理

图（2-11）中管道三个粗细不等的剖面处，装上三根粗细一样的测压管，它们起到压力表的作用。当进出水开关关闭时，管内流体没有流动，三根测压管内的液面高度相等，表示管道中三个剖面不等的地方静压强是相等的。这时三个剖面处流体的流速均为零，液体没有流动。

现在，同时打开进出口开关，保持容器内液面高度不变，此时，管道内液体开始流动，三个压力计中的液面都降低了，这表明当液体流动时，它的静压强减小了。

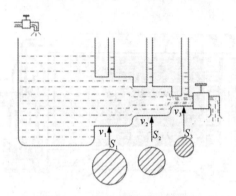

图 2-11　流体在容器中流动图

三个测压管的液面高度下降不同，说明它们的压强不同，A 管液面最高，表明剖面 S_1 处静压大，由连续性定理可知，S_1 处速度 v_1 最小，C 管的液面最低，表明 S_3 处静压最小，此处 v_3 最大，因此，可得出如下结论：

当流体在一个流管中流动时，凡是流速大的地方静压强小，反之静压强大。

由于稳定流动的液体，是不被压缩的，且流动过程中没有能量增加或减少的情况，那么，液体的动压和静压之和总是等于常量。若用 P 表示静压，用 $\frac{1}{2}\rho v^2$ 表示动压（是单位体积流体的动能），则

$$P = \frac{1}{2}pv^2 = 常量 \tag{2-4}$$

在不同剖面 S_1、S_2、S_3 处，有

$$P_1 + \frac{1}{2}pv^2 = P_2 + \frac{1}{2}pv_2^2 = P_3 + \frac{1}{2}pv_3^2 = 常量 \tag{2-5}$$

式（2-5）即为伯努利公式。式中，$\frac{1}{2}\rho v^2$ 是动压，和 v 有关，静压 P 是一种压力势能。

所以，伯努利原理告诉我们：流体在管道中稳定流动时，流速大的地方压强小，流速小的地方压强大。

由连续性定理和伯努利定理，可总结出如下结论：流管变细的地方，流速加大，压力变小；反之，流管变粗的地方，流速减少，压力变大。根据这一结论，就可初步得出机翼上产生升力的原因了。

为了说明机翼升力的产生，看一下翼型的烟风洞实验和翼型表面压力分布测量实验。

1）烟风洞实验：烟风洞实验用来观察空气流过翼型时的流动情况（见图 2-12）。

从烟风洞实验可以看到，随着气流流进机翼前缘，气流分为两股，沿机翼上、下表面继续向

后流动。在迎角为正的情况下,流经翼型下表面的气流流线先变疏(流管扩张)然后逐渐变密恢复原状;流经翼型上表面的气流流线先变密(流管收缩)然后逐渐变疏恢复原状。正迎角增大,翼型上、下表面流线的疏密变化更加明显。流经翼型上表面的流线进一步被挤紧,而流经翼型下表面的流线进一步被拉稀。考虑到低速气流中气流速度与流管截面积的关系,在正迎角下,翼型上表面的气流速度将加快,而翼型下表面的气流速度将减慢。由伯努利定理可知,这将使翼型上表面的压力降低而使翼型下表面的压力升高。迎角越大,上述效果越明显。

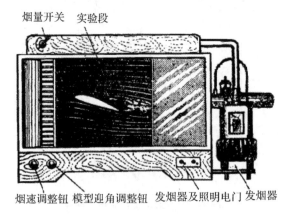

图 2-12　烟风洞实验

2)翼型表面压力分布测量。为了测量翼型表面的压力分布,事先在翼型上、下表面各开一系列小孔,并用橡皮管与气压计的各对应玻璃管相通(见图 2-13)。当气流流过机翼表面时,多管压力计就指出表面压力的大小。当机翼产生压力时,连通机翼上表面各点的水柱比连通大气压力的水柱高,说明相应各点(1~8)的压力比大气压低。水柱高出量越多,说明该处的压力越小,或者说吸力越大;相反,连通机翼下表面各点(9~16)的水柱比连通大气的水柱低,说明相应各点的压力比大气压力高。水柱降低量越多,则该处正压力越大。这样,机翼在上、下表面压力差的作用下,产生向上的升力。

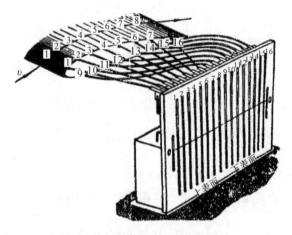

图 2-13　翼型表面压力分布测量

可以看出翼型表面的压力分布测量结果与烟风洞试验分析结果是一致的。

2.3 升力与阻力的产生

2.3.1 翼型

对固定翼飞机而言机翼是产生升力和阻力的主要部件,对旋翼飞行器而言则是旋翼。它们产生升力的原理在本质上是相同的,产生阻力的原理也很相似,因此本书以固定翼飞机为例说明升力阻力的产生。

作用于机翼上的空气动力情况与飞机性能密切相关,而机翼的空气动力特性受到机翼外形的影响。机翼的几何外形可分为机翼平面几何形状和机翼部面几何形状。

(1)机翼平面几何参数

机翼平面几何参数(见图2-14):

1)机翼面积:机翼投影面积。

2)翼展长:表征机翼左右翼梢之间最大的横向距离,一般用 I 表示。

3)后掠角:主要有前缘后掠角、1/4弦后掠角等。前缘后掠角 χ_0 指的是机翼前缘线同垂直于翼根对称面的直线之间的夹角。

4)翼弦:翼型前后缘之间的连线;其长度称为弦长,通常以 b 表示。若机翼的平面形状不是矩形,则机翼不同地方的翼弦是不一样的,有翼根弦长 b_0、翼尖弦长 b_1。一般常采用"平均气动力弦长"来代替弦长,它用 b_{av} 表示,定义为:$b_{av}=S/L$。

5)展弦比:指机翼展长和平均气动力弦长之比;以 λ 表示,$\lambda=I/b_{av}$。同时,展弦比也可以表示为翼展的平方与翼展面积的比值。展弦比越大,机翼的升力系数也越大,但阻力也增大,因此,高速飞机一般采用小展弦比的机翼。

6)根梢比:机翼的翼跟弦长与翼梢弦长之比,也称"梯形比"或者"尖削比"。一般用 η 表示,$\eta=b_0/b_1$。

7)相对厚度:相对厚度是机翼翼型的最大厚度与翼弦 b 的比值。

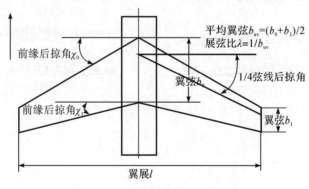

图2-14 机翼平面几何参数示意

(2)翼型几何外形的参数

用平行于对称平面的切平面切割机翼所得的剖面,称为翼剖面(简称翼型)。主要几何参数如下(见图2-15):

1)前缘,翼型最前端的一点。

2)后缘,翼型最后端的一点。

3)翼弦,翼型前缘点与后缘点之间的连线。

4)厚度,以翼弦为基础作垂线,每一条垂线在翼型内的长度即为该处的翼型厚度。

5)最大厚度 C_{max};

6)相对厚度 $= C_{max}/b$(b 为翼型弦长);

7)弯度,厚度线中点的连线叫中弧线。

8)最大弯度,f_{max},中弧线与翼弦之间的最大距离。

9)相对弯度 $= f_{max}/b$。

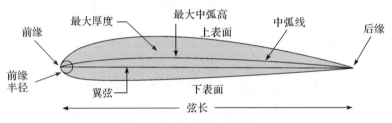

图 2-15 翼型几何参数示意

机翼的效率受翼型的影响极大,而且在一定程度上是受翼型弯度和厚度的影响。一般,翼型的几何形状可分为两大类。一类是圆头尖尾翼型,另一类是尖头尖尾翼型。飞机上采用的绝大多数为圆头尖尾翼型。在每类翼型中又分为对称翼型和非对称翼型,如图 2-16 所示。

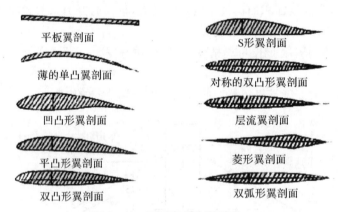

图 2-16 不同形状的翼剖面

2.3.2 升力

(1)升力产生的原因

结合连续性定理和伯努利原理,就可以解释机翼为什么会产生升力了。

由翼型表面的压力分布测量实验与烟风洞试验可以看出,当气流流过机翼表面时,由于气流参数的变化,机翼表面各点将受到不同压力的作用。这些压力向量的合向量就是作用于机翼的总空气动力,其垂直于气流速度方向上的分力记为升力。

（2）机翼表面压力分布

机翼各部位升力的大小是不同的，要想了解机翼各个部位升力的大小，就需知道机翼表面压力分布的情形（见图 2-17）。

机翼表面压力的分布可通过实验来测定。凡是比大气压力低的叫吸力（负压力），凡是比大气压力高的叫压力（正压力）。机翼表面各点的吸力和正压力都可用向量表示。向量的长短表示吸力或正压力的大小。向量的方向同机翼表面垂直，箭头方向朝外，表示吸力；箭头指向机翼表面，表示正压力。将各个向量的外端用平滑的曲线连接起来。压力最低（即吸力最大）的一点，叫最低压力点。在前缘附近，流速为零，压力最高的一点，叫驻点。

机翼压力分布并不是一成不变的。如果机翼在相对气流中的关系位置改变了，流线谱就会改变，机翼的压力分布也就随之而变。

机翼升力的产生主要是靠上表面吸力的作用，而不是主要靠下表面的压力高于大气压的情况下，由上表面吸力所形成的升力，一般占总升力的 60%～80%，而下表面的正压力所形成的升力只不过占总升力的 20%～40%。如果下表面的压力低于大气压力产生向下的吸力，则机翼总升力就等于上表面吸力减去下表面的吸力。在此情况下，机翼升力就完全由上表面吸力所形成。

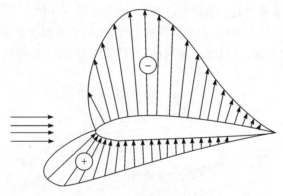

图 2-17　机翼表面压力分布

旋翼产生升力的原理和固定翼机翼相同。旋翼的桨叶其横截面也是翼型。只不过固定翼飞机是发动机提供推力使得飞机前进，从而使机翼与空气产生相对速度进而产生升力，而旋翼则是桨叶转动与空气产生相对速度进而产生升力。

2.3.3　阻力

阻力是与飞机运动方向相反的空气动力，起着阻碍飞机前进的作用。固定翼飞机阻力产生的原因相对比较简单，而旋翼飞行器桨叶旋转产生的流场复杂，导致阻力产生的原因也比较复杂，既有与固定翼飞机相同之处（如摩擦阻力、压差阻力），也存在很大的差异。因此本节以固定翼飞机为例说明阻力产生的原因。

固定翼飞机的阻力按其产生的原因可分为以下几种。

（1）摩擦阻力

摩擦阻力是在"附面层"（或叫边界层）内产生的。所谓附面层，就是指空气流过飞机时，贴近飞机表面、气流速度由层外主流速度逐渐降低为零的那一层空气流动层。附面层是怎样形成的呢？当有黏性的空气流过飞机时，紧贴飞机表面的一层空气与飞机表面发生黏性摩擦，这一层空气完全黏附在飞机表面上，气流速度降低为零。紧靠这静止空气层的外面第二气流层，因受这静止空气层黏性摩擦的作用，气流速度也要降低，但这种作用要弱些，因此气流速度不会降低为零。再往外，第三气流层又要受第二气流层黏性摩擦的作用，气流速度也要降低，但这种作用更弱些，因此气流速度降低就更少些。这样，沿垂直于飞机表面的方向，从飞机表面向外，由于黏性摩擦作用的减弱，气流速度就一层一层的逐渐增大，到附面层边界，就和主流速度相等了。这层气流速度由零逐渐增大到主流速度的空气层，就是附面层。附面层内，气流速度之所以越贴近飞机表面越慢，这必然是由于这些流动空气受到了飞机表面给它的向前的作用。这些被减慢的空气，也必然要给飞机表面一个向后的反作用力，这就是飞机表面的摩擦阻力。

　　附面层按其性质不同，可分为层流附面层和紊流附面层，如图 2-18 所示。就机翼而言，一般在最大厚度以前，附面层的气流各层不相混杂而分层的流动。这部分叫层流附面层。在这之后，气流流动变得杂乱无章，并且出现了旋涡和横向运动。这部分叫紊流附面层。层流转变为紊流的那一点叫转捩点。附面层内的摩擦阻力与附面层的性质有很大关系。实验表明，紊流附面层的摩擦阻力要比层流附面层的摩擦阻力大得多。因此，尽可能在机翼上保持层流附面层，对于减小阻力是有利的。所谓层流翼型，就是这样设计的。

　　总的说来，摩擦阻力的大小，决定于空气的黏性，飞机的表面状况，以及同空气相接触的飞机的表面积。空气黏性越大，飞机表面越粗糙，飞机表面积越大，摩擦阻力就越大。

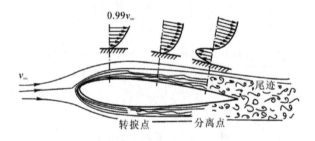

图 2-18　机翼表面附面层气流示意

　　(2)压差阻力

　　人在逆风中行走，会感到阻力的作用，这就是一种压差阻力。

　　空气流过机翼时，在机翼前缘部分，受机翼阻挡，流速减慢，压力增大；在机翼后缘，由于气流分离形成涡流区，压力减小。这样，机翼前后便产生压力差，形成阻力。这种由前后压力差形成的阻力叫压差阻力。机身、尾翼等飞机的其他部件都会产生压差阻力。为什么在机翼后缘会出现气流分离呢？其根本原因是空气有黏性，空气流过机翼的过程中，在机翼表面产生了附面层。附面层中气流速度不仅要受到黏性摩擦的阻滞作用，而且还要受到附面层外主流中压力的影响。附面层中，沿垂直于机翼表面方向的压力变化很小，可认为是相等的，且等于层外主流的压力。在最低压力点之前，附面层外主流是从高压区流向低压区，沿途压力逐渐降低，即形成顺压，气流速度是不断增大的。附面层内的气流虽受黏性摩擦的阻滞作用，使之沿途不断减速，但在顺气压的推动下，其结果气流仍能加速向后流去，但速度增加不多。在最低压力点之后情况就不一样了。主流是从低压区流向高压区，沿途压力越来越大，即形成反压，主流速度是不断减小的。附面层内的气流除了要克服黏性摩擦的阻滞作用外，还要克服反压的作用，因此气流速度迅速减小，到达某一位置，附面层底层空气就会完全停止下来，速度降低为零，空气再不能向后流动。在附面层分离点之后，附面层底层空气在反压作用下开始向前倒流。于是附面层中逆流而上的空气与顺流而下的空气相顶碰，就使附面层气流脱离机翼表面，而卷进主流。这时，就形成大量逆流和旋涡从而形成气流分离现象。这些旋涡一方面在相对气流中吹离机翼，一方面又连续不断地在机翼表面产生，如此周而复始地变化着，这样就在分离点之后形成了涡流区。附面层发生分离之点，叫做分离点。

这种旋涡运动的周期性，是引起飞机机翼、尾翼和其他部分生产振动的重要原因之一。为什么机翼后缘涡流区中压力会有所减小呢？首先要明确，这里涡流区压力的大小，是和机翼前部的气流相比而言的。如果空气流过机翼上下表面不产生气流分离，则在机翼后部，上下表面气流重新汇合，流速和压力都会恢复到与机翼前部相等。这样，机翼前、后不会出现压力差而形成压差阻力。然而事实不是这样，当空气流到机翼后部会产生气流分离而形成涡流区。涡流区中，由于产生了旋涡，空气迅速转动，一部分动能因摩擦而损耗，即使流速可以恢复到与机翼前部的流速相等，压力却恢复不到原来的大小，比机翼前部的压力要小。例如汽车开过，在车身后的灰尘之所以被吸起，就是由于车身后面涡流区内的空气压力小的缘故。

根据实验的结果，涡流区的压力与分离点处气流的压力，其大小相差不多。这就是说：分离点靠近机翼后缘，涡流区的压力比较大；分离点离开机翼后缘越远，涡流区的压力就越小。可见，分离点在机翼表面的前后位置，可以表明压差阻力的大小。

总的说来，压差阻力与物体的迎风面积、形状和物体在气流中的相对位置有很大关系，如图 2-19 所示。迎风面积越大，压差阻力越大。像水滴那样的，前端圆钝，后面尖细的流线型物体，压差阻力最小。物体相对于气流的角度越大，压差阻力越大。

由上面的分析可知，摩擦阻力和压差阻力都是由于空气的黏性面引起产生的阻力，如果空气没黏性，那么上面两种阻力都将不会存在。

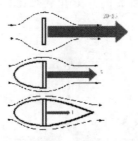

图 2-19 各种物体形状的压差阻力

（3）诱导阻力

机翼上除了产生摩擦阻力和压差阻力以外，由于升力的产生，还要产生一种附加的阻力。这种由于产生升力而诱导出来的附加阻力称为诱导阻力。可以说，诱导阻力是为产生升力而付出的一种"代价"。

诱导阻力是怎样产生的呢？当机翼产生升力时，机翼下表面的压力比上表面的大，而机翼翼展长度又是有限的，所以下翼面的高压气流会绕过两端翼尖，向上翼面的低压区流去。当气流绕过翼尖时，在翼尖部分形成旋涡，这种旋涡的不断产生而又不断地向后流去即形成了所谓翼尖涡流。翼尖涡流使流过机翼的空气产生下洗速度，而向下倾斜形成下洗流。气流方向向下倾斜的角度，叫下洗角。

由翼尖涡流产生的下洗速度，在两翼尖处最大，向中心逐渐减少，在中心处最小。这是因为空气有黏性，翼尖旋涡会带动它周围的空气一起旋转，越靠内圈，旋转越快，越靠外圈，旋转越慢。因此离翼尖越远，气流下洗速度越小（见图 2－20）。

在日常生活中，也可观察到翼尖涡流的现象。例如大雁南飞，常排成人字或斜一字形，领队的大雁排在中间，而幼弱的小雁常排在外侧。这样使得后雁处于前雁翅梢处所产生的翼尖涡流之中。翼尖涡流中气流的放置是有规律的，靠翼尖内侧面，气流向下，靠翼尖外侧，气流是向上的即上升气流。这样后缘就处在前缘翼尖涡流的上升气流之中，有利于长途飞行。从实验也可看出翼尖涡流的存在。当机翼产生正升力时，由于机翼下表面的压力比上表面的大，故空气从下翼面绕过翼尖翻到上翼面去。因而处在两翼尖处的两个叶轮都放置起来，在左翼尖的向右放置（从机尾向机头看），在右翼尖的向左放置。升力增大，上下翼表面压力差增大，叶轮放置得更快。升力为零，上下翼面无压力差，叶轮不转动。若机翼产生负升力，则上民办面的压力比下翼面大，故两叶轮就会反转。

飞行中，有时从飞机翼尖的凝结云也可看到翼尖涡流。因为翼尖涡流的范围内压力很低，如果空气中所含水蒸气膨胀冷却而凝结成水珠，便会看到由翼尖向后的两道白雾状的涡流索。

升力是和相对气流方向垂直的。既然流过机翼的空气因受机翼的作用而向下，则机翼的升力也应随之向后。实际升力是和洗流方向垂直的。把实际升力分解成垂直于飞行速度方向和平等于飞行速度方向的两个分力。垂直于飞行速度方向的分力，仍起着升力的作用，这就是经常使用的升力。平等于飞行速度方向的分力，则起着阻碍飞机前进的作用，成为一部分附加阻力。而这一部分附加阻力，是同升力的存在分不开的，因此这一部分附加阻力称为诱导阻力。

实践表明，诱导阻力的大小与机翼的升力和展弦比有很大关系。升力越大，诱导阻力越大。展弦比越大，诱导阻力越小。

图 2－20　诱导阻力

（4）干扰阻力

实践表明，飞机的各个部件，如机翼、机身、尾翼等，单独放在气流中所产生的阻力的总和总是小于把它们组成一个整体时所产生的阻力。

所谓干扰阻力，就是飞机各部分之间因气流相互干扰而产生的一种额外的阻力。

现以机翼和机身为例，看干扰阻力是怎样产生的。

气流流过机翼和机身的连接处,在机翼和机身结合的中部,由于机翼表面和机身表面都向外凸出,流管收缩,流速迅速加快,压力很快降低。而在后部由于机翼表面和机身表面都向内弯曲,流管扩张,流速减慢,压力很快增高。这种压力的变化,就促使气流的分离点前移,并使机身和机翼结合处后部涡流区扩大,从而产生了一种额外的阻力。这一阻力是因气流的干扰而产生的,因此叫干扰阻力。

不但机翼和机身结合处会产生干扰阻力,而且在机身和尾翼,机翼和发动机知舱,机翼和副油箱等结合处,都可能产生。为了减小干扰阻力,除了在设计飞机时要考虑飞机各部分的相对位置外,在机翼与机身、机身与尾翼等结合部,可安装整流包皮。这样可使连接处较为圆滑,流管不致过分扩张,而产生气流分离。

2.3.4　影响升力与阻力的因素

升力和阻力是在飞机与空气之间的相对运动(相对气流)中产生的.影响升力和阻力的基本因素有机翼在气流的相对位置(迎角)、气流的速度和空气密度、空气的动压以及飞机本身的特点(飞机表面质量、机翼形状机翼面积、是否使用襟翼和前缘缝翼是否张开等)。

这些因素中,经常变化的有迎角、飞行速度和空气密度。飞行员主要是通过改变迎角和飞行速度来改变升力和阻力的。因此,主要分析迎角和飞行速度对升力、阻力的影响。为了方便,在分析一个因素时,假定其他因素不变。

1.迎角对升力和阻力的影响

(1)迎角

相对气流方向(飞机运动方向)与翼弦所夹的角度,叫迎角,如图 2-21 所示。相对气流方向指向机翼下表面,为正迎角;相对气流方向指向机翼上表面,为负迎角。飞行中,飞行员可通过前后移动驾驶盘来改变迎角的大小或者正负。飞行中经常使用的是正迎角。

飞行状态不同,迎角的正、负、大小一般也不同。在水平飞行中,飞行员可根据机头的高低来判断迎角的大小,机头高,迎角大;机头低,迎角小。其他飞行状态,单凭机头的高低很难判断迎角的大小和正负,只有根据迎角本身的含义去判断。例如,飞机俯冲时,机头虽然很低,但迎角并不为负,气流仍从下表面吹向机翼,因此迎角是正的。又如在上升中,机头虽然比较高,但迎角却不一定很大,在改出上升时,若推杆过猛,也可能会出现负迎角。

图 2-21　迎角

(2)迎角对升力的影响

在飞行速度等其他条件相同的情况下,得到最大升力的迎角,叫做临界迎角。在小于临界迎角的范围内,增大迎角,升力增大;超过临界边角后,再增大迎角,升力反而减小。

这是因为,迎角增大时,一方面在机翼上表面前部,流线更为弯曲,流管变细,流速加快,压力降低,吸力增大。与此同时,在机翼下表面,气流受到阻挡,流管变粗,流速减慢,压力增大,升力减小。另一方面,当迎角增大时,由于机翼上表面最低压力点的压力降低。因此,后缘部分的压力比最低压力点的压力大得更多,于是在上表面后部的附面层中,空气向前倒流的趋势增强,气流分离点向前移动,涡流区扩大,就会破坏空气的平顺流动,从而使升力降低。在小于临界迎角时,增大迎角,分离点前移缓慢,涡流区只占机翼后部的不大的一段范围,这对机翼表面空气的平顺流动影响不大,前一方面起着主要作用。因此,在小于临界迎角的范围内,迎角增大,升力增大。达到临界迎角时,升力最大。

超过临界迎角后,迎角再增大,则分离点迅速前移,涡流区迅速扩大,严重破坏空气的平顺流动,机翼上表面前段,流管变粗,流速减慢,吸力降低。从分离点到机翼后缘的涡流区内,压力大致相同,比大气压力稍小。在靠近后缘的一段范围内,吸力虽稍有增加,但很有限,补偿不了前段吸力的降低。所以,超过临界迎角以后,迎角再增大,升力反而减小。

改变迎角,不仅升力大小要发生变化,而且压力中心也要发生前后移动。迎角由小逐渐增大时,由于机翼上表面前段吸力增大,压力中心前移。超过临界迎角以后,机翼前段和中段吸力减小,而机翼后段吸力稍有增加,所以压力中心后移,如图 2-22 所示。

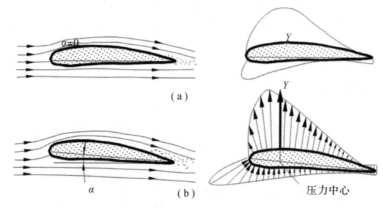

图 2-22 不同迎角下的机翼升力(流线谱)

(3)迎角改变对机翼阻力的影响

在低速飞行时,机翼的阻力有摩擦阻力、压差阻力和诱导阻力。实验表明,迎角增大,摩擦阻力一般变化不大。

迎角增大,分离点前移,机翼后部的涡流区扩大,压力减小,机翼前后的压力差增加,故压差阻力增加。迎角增大到超过临界迎角以后,由于分离点迅速前移,涡流区迅速扩大,因此压差阻力急剧增加。

小于临界迎角,迎角增大时,由于机翼上、下表面的压力差增大,使翼尖涡流的作用更强,下洗角增大,导致实际升力更向后倾斜,故诱导阻力增大。超过临界迎角,迎角增大,由于升力降低,故诱导阻力随之减小。

综上所述,在小迎角的情况下增加迎角时,由于升力的增加和涡流区的扩大都很慢,故压差阻力和诱导阻力增加都很少,这时机翼的阻力主要是摩擦阻力,因此整个机翼阻力增加不多。当迎角逐渐变大以后,再增大迎角时,由于机翼升力的增加和涡流区的扩大都加快,故压差阻力和诱导阻力的增加也随之加快。特别是诱导阻力,在大迎角时,随着迎角的增大而增加更快。因此,整个机翼的阻力随着迎角的增大而增加较快。这时,诱导阻力是机翼阻力的主要部分。超过临界迎角以后,虽然诱导阻力要随着升力的降低而减小,但由于压差阻力的急剧增加,结果使整个机翼阻力增加更快。

简单地说,就是迎角增大,阻力增大;迎角越大,阻力增加越多;超过临界迎角,阻力急剧增大。

2.飞行速度和空气密度对升、阻力的影响

(1)飞行速度

飞行速度越大,空气动力(升力、阻力)越大。实验证明:速度增大到原来的 2 倍,升力和阻力增大到原来的 4 倍;速度增大到原来的 3 倍,升力和阻力增大到原来的 9 倍。即升力、阻力与飞行速度的平方成正比例。

飞行速度增大,为什么升、阻力会随之增大呢?因为在同一迎角下,机翼流线谱,即机翼周围的流管形状基本上是不随飞行速度而变的。飞行速度愈大,机翼上表面的气流速度将增大得愈多,压力降低愈多。与此同时,机翼下表面的气流速度减小得愈多,压力也增大愈多。于是,机翼上、下表面的压力差愈加相应增大,升力和阻力也更加相应增大。

(2)空气密度

空气密度大,空气动力大,升力和阻力自然也大.这是因为,空气密度增大,则当空气流过机翼,速度发生变化时,动压变化也大,作用在机翼上表面的吸力和下表面的正压力也都增大。所以,机翼的升力和阻力随空气密度的增大而增大。

实验证实,空气密度增大为原来的 2 倍,升力和阻力也增大为原来的 2 倍,即升力和阻力与空气密度成正比例。显然,由于高度升高,空气密度减小,升力和阻力也就会减小。

3.机翼面积形状和表面质量对升、阻力的影响

(1)机翼面积

机翼面积大,升力大,阻力也大。升力和阻力都与机翼面积的大小成正比例。

(2)机翼形状

机翼形状对升、阻力有很大影响。

就机翼切面形状来说,相对厚度大,机翼的升力和阻力也大。这是因为,相对厚度大,机翼上表面的弯曲程度也大,一方面使空气流过机翼上表面流速增快得多,压力也降低得多,升力大。另一方面最低压力点的压力小,分离点靠前,涡流区变大,压差阻力大。实验表明,相对厚度在 5%～12% 的翼型,其升力比较大,相对厚度若超过 14%,不仅阻力过大,而且升力会因上表面涡流区的扩大而减小。

最大厚度位置,对升阻力也有影响。最大厚度位置靠前,机翼前缘势必弯曲得更厉害些,导致流管在前缘变细,流速加快,吸力增大,升力较大.但因后缘涡流区大,阻力也较大。最大厚度位置靠近翼弦中央,升力较小,但其阻力也较小。因为,最大厚度位置靠后,最低压力点,转捩点均向后移,层流附面层加长,紊流附面层减短,使摩擦阻力减小,所以阻力较小。

在相对厚度相同情况下,中弧曲度大,表明上表面弯曲比较厉害,流速大,压力低,所以升力比较大。平凸型机翼比双凸型机翼的升力大,对称型机翼升力最小,中弧曲度大,涡流区大,故阻力也大。

机翼平面形状对升、阴力也有影响。实验表明,椭圆形机翼诱导阻力最小,而矩形机翼和菱形机翼诱导阻力最大。展弦比越大,诱导阻力越小。

放下襟翼和前缘缝翼张开,会改变机翼的切面形状,从而会改变机翼的升力和阻力。又如机翼结冰,会破坏机翼流线形外形,从而使升力降低,阻力增大。

(3)飞机表面质量

飞机表面光滑与否对摩擦阻力影响很大。飞机表面越粗糙,附面层越厚,转捩点越靠前,层流段缩短,紊流段增长,黏性摩擦增大,摩擦阻力越大。因此保持好飞机表面光滑,就能减小飞机阻力。

飞机的阻力对于提高飞机的飞行性能是不利的。因此,在飞机的设计制造和使用维护中,应想方设法减小飞机的阻力。下面从阻力产生的不同原因,谈谈减小飞机阻力可采取的一些措施。

要减小摩擦阻力,设计时应尽可能缩小飞机与空气相接触的表面积。制造过程中应将飞机表面做得很光滑,有的高速飞机甚至将表面打磨光。维护使用中,保持好飞机表面光洁。如上飞机,要求穿软底鞋,铺好脚踏布等。飞机要定期清洗.停放时加盖蒙布,以防风沙雨雪侵蚀。

要减小压差阻力,应尽可能将暴露在空气中的各个部件或零件做成流线外形,并减小迎风面积。对不能收起的起落架和活塞式发动机都应加整流罩,维护使用中,要保持好飞机的外形,不要碰伤飞机表面,各种舱的口盖应盖好,同时保持好飞机的密封性。

要减小诱导阻力,低速飞机可增大展弦比和采用梯形翼。高速飞机可在翼尖悬挂副油箱或安装翼尖翼刀等。

要减小干扰阻力,设计时要妥善安排飞机各部件的相对位置,同时在各部件连接处安装整流包皮。

采取上面一些措施,对减小飞机的阻力,提高飞机的飞行性能是有利的,但这只是问题的一个方面。在某些情况下,阻力对飞机的飞行不但无害而且还是必需的。如空战中,为了提高飞机的机动性,有时必须打开减速板,增大飞机阻力,使速度很快降低,以便绕到敌机后面的有利位置进行攻击。又如,飞机着陆时,为增大飞机阻力,使飞机减速快,从而缩短着陆滑跑距离,机轮使用刹车;高速飞机还可打减速板和减速伞使飞机减速。有的飞机可使螺旋桨产生负拉力,喷气发动机产生反推力来增大飞机的阻力,达到减速的目的。

归纳影响升、阻力大小的因素,可以将升力、阻力的计算公式写成如下:

升力

$$L = \left(\frac{1}{2}pv^2\right) S \times C_L \tag{2-6}$$

阻力

$$D = \left(\frac{1}{2}pv^2\right) S \times C_D \tag{2-7}$$

其中,C_L、C_D 分别为升力系数与阻力系数。从计算公式可以看出,升力系数 C_L 指物体所受到的升力与气流动压和参考面积的乘积之比,代表了迎角、机翼形状、飞机表面质量等因素对升力的综合影响。阻力系数 C_D 指物体所受到的阻力与气流动压和参考面积的乘积之比,代表了迎角、机翼形状、飞机表面质量等因素对阻力的综合影响。这是由于迎角、机翼形状、飞机表面质量等因素对升阻力的影响比较复杂,很难简单用公式表出。

升力、阻力系数的数值是通过试验测定的。他们分别代表迎角、机翼形状和飞机表面质量等因素对升力和阻力的综合影响。从式(2-6)和式(2-7)中可以看出,空气密度、飞行速度和机翼面积可以用它们本身的数值大小来直接表达它们对升力、阻力的影响。但是迎角、机翼形状和表面质量对升力和阻力的影响就比较复杂,它是通过流线谱的改变来影响升力、阻力的。

在飞行中,机翼形状和飞机表面质量一般是不变的。这时,升力系数和阻力系数的变化就几乎全由迎角的大小来确定。

2.3.5　空气动力的特征曲线

(1)升力系数曲线

升力系数曲线的横坐标代表迎角大小,纵坐标代表升力系数的大小。从图 2-23 中可以看出,在迎角不太大时,机翼升力系数会随迎角加大而线性增大。但当迎角继续增加时,机翼上表面气流会出现分离。尤其在迎角超过某一临界值时,机翼上表面气流会出现严重分离,导致升力急剧下降、飞行器无法保持正常飞行,这一现象叫做失速,对应的迎角叫做失速迎角或临界迎角。

零升迎角是指升力系数为零时所对应的迎角,在这一迎角附近,机翼的阻力最小。对称翼型的零升迎角等于零,非对称翼型的零升迎角不等于零,具有正弯度的翼型其零升迎角为一个小的负角度。

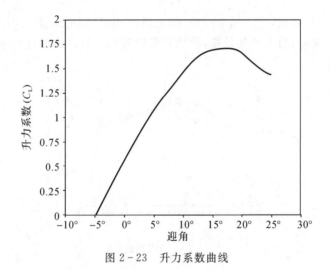

图 2-23　升力系数曲线

(2)阻力系数曲线

阻力系数曲线的横坐标代表迎角大小,纵坐标代表阻力系数的大小。

从图 2-23 中可以看出,阻力随迎角的增大而增大。小迎角时阻力增大较慢,此时摩擦阻力占主导地位,大迎角时阻力增大较快,此时压差阻力占主导地位。超过临界迎角后阻力迅速增大,此时机翼表面气流分离严重,涡流区迅速增大。

(3)升阻比曲线(见图 2-25)

飞机飞行时升力与阻力之比,也即升力系数与阻力系数之比简称升阻比,是表示飞机气动效率的一个重要参数。其值与飞行器迎角、飞行速度等参数有关,此值愈大说明飞行器的空气动力性能愈好。对一般的飞机而言,低速和亚声速飞机升阻比可达 17~18,跨声速飞机升阻比可达 10~12,马赫数为 2 的超声速飞机升阻比约为 4~8。

升阻比曲线是表征升阻比与迎角比的关系。当飞机以最大升阻比对应的飞行状态运动时,其气动效率将是最高的。当升阻比最大时所对应的飞行迎角一般称为有利迎角。

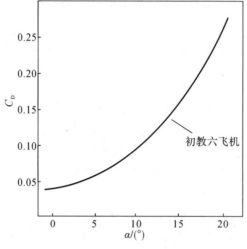

图 2 - 24　阻力系数曲线

从零升迎角到有利迎角,升力增加较快,阻力增加缓慢,因此升阻比增大。从有利迎角到临界迎角,升力增加缓慢,阻力增加较快,因此升阻比较小。超过临界迎角时,压差阻力急剧增大,升阻比急剧减小。

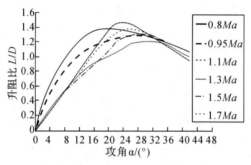

图 2 - 25　升阻比曲线

(4)极曲线(见图 2 - 26)

当飞机以一定的构型和速度(或马赫数)在一定的高度上飞行时,把不同迎角所对应的升力系数、阻力系数绘制在同一坐标系上,所得到的的曲线称为飞机的极曲线。

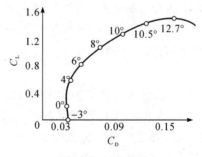

图 2 - 26　极曲线

2.4　常用坐标系及其转换

为了计算出无人机的位置、姿态,需要用到一些常用坐标系,如地轴坐标系、惯性坐标系、航迹坐标系、速度坐标系和机体坐标系、半机体坐标系。对于不同问题经常需要采取不同的坐标系来求得问题的简化。例如,飞机相对于地面的位置,就必须采用地面坐标系;飞机的转动用机体坐标系表示;飞机的轨迹运动可采用速度坐标系表示。

飞机在空间的运动,可以看作是飞机质心的运动和飞机绕质心的转动两部分的合成。在研究飞机质心运动时,最常用的坐标系是航迹坐标系,把诸外力在此坐标轴系上投影,但是考虑到诸外力的方向各不相同,重力铅直向下,升力和阻力则分别垂直和沿着速度方向,推力则在飞机纵轴方向上,为了投影的方便,这里讨论几种常用的坐标系及它们之间的转换关系。

2.4.1　常用坐标系及其定义

(1)地轴坐标系 $OX_dY_dZ_d$

表 3 - 1　地轴坐标定义

坐标原点 O	地面某点
X 轴	水平面内指向某一方向(一般选正北)
Y 轴	自 O 点垂直向上的方向
Z 轴	按右手定则选垂直于 OXY 平面指向右方的方向

(2)惯性坐标系 $OX_gY_gZ_g$

表 3 - 2　惯性坐标系定义

坐标原点 O	飞机质心
X 轴	三个轴方向与地轴系三个轴方向相同。是在地轴系基础上平移得到的
Y 轴	
Z 轴	

(3)航迹坐标系 $OXYZ$

表 3 - 3　航迹坐标系定义

坐标原点 O	飞机质心
X 轴	飞机速度方向
Y 轴	铅锤面内与 OX 轴垂直,指向上方
Z 轴	按右手定则确定

(4)速度坐标系 $OX_sY_sZ_s$

表 3 - 4　速度坐标系定义

坐标原点 O	飞机质心
X 轴	飞机速度方向
Y 轴	飞机对称面内与 OX 轴垂直,指向飞行员头顶方向
Z 轴	按右手定则确定

(5)机体坐标系 $OX_tY_tZ_t$

表 3 - 5   机体坐标系定义

坐标原点 O	飞机质心
X 轴	飞机纵轴方向
Y 轴	飞机对称面内与 OX 轴垂直,指向飞行员头顶方向
Z 轴	按右手定则确定

(6)半机体坐标系 $OX_bY_bZ_b$

表 3 - 6   半机体坐标系定义

坐标原点 O	飞机质心
X 轴	飞机对称面内,沿飞机速度方向
Y 轴	飞机对称面内,与 OX 轴垂直,指向飞行员头顶方向
Z 轴	按右手定则确定

2.4.2   坐标系之间的变换关系

(1)相关角度定义

飞机速度矢量在飞机对称面内的投影与飞机纵轴之间的夹角称为迎角 α,当纵轴在投影线之上时为正,如图 2 - 27 所示。

飞机速度矢量与飞机对称面之间的夹角为侧滑角 β,当飞机速度矢量在飞机右方时为正。飞机纵轴在水平面上的投影与惯性坐标系 OX_g 轴之间的夹角为偏航角 φ,机头偏左为正,如图 2 - 28 所示。

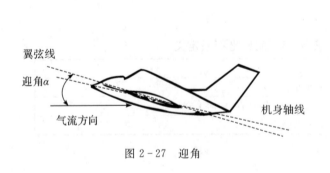

图 2 - 27   迎角

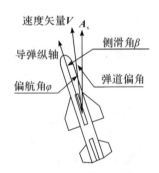

图 2 - 28   侧滑角与偏航角

飞机纵轴与水平面之间的夹角为俯仰角 θ,向上为正,如图 2 - 29 所示。

机体坐标系 OY_t 轴与通过飞机纵轴的铅锤面之间的夹角为横滚角 γ,沿 OX_t 方向观察,OY_t 轴右偏为正,如图 2 - 30 所示。

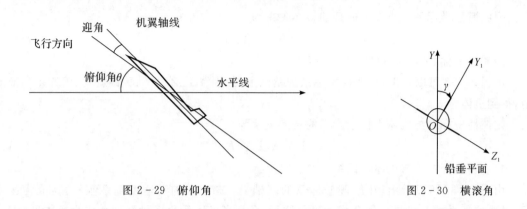

图 2 - 29　俯仰角

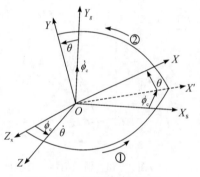

图 2 - 30　横滚角

飞机速度矢量在水平面上的投影与惯性坐标系 OX_g 轴之间的夹角为航迹偏转角 φ_c，左偏为正（见图 2 - 31）。

飞机速度矢量与水平面之间的夹角为航迹倾斜角 θ_c，向上为正。

速度坐标系的 X_sOY_s 平面与通过飞机速度矢量的铅垂面之间的夹角为速度轴系倾斜角 γ_c。

（2）典型坐标系之间的转换关系

1）惯性坐标系（I_g）与航迹坐标系（I）。航迹坐标系与惯性坐标系的关系以及航迹坐标系与地轴坐标系的关系，除了移动部分不相同外，其转动的角度关系是一样的，故我们一般以惯性轴系为基准坐标系。

图 2 - 31　惯性系与航迹系

由图 2 - 31 可以看出，航迹坐标系是在惯性坐标系的基础上，先绕 OY_g 轴转动一个航迹偏转角，再绕 Z 轴转一个航迹倾斜角。

由此得到惯性坐标系与航迹坐标系之间的转换关系为

$$I = Z_{\theta_c} Y_{\varphi_c} I_g \qquad (2-8)$$

2）惯性坐标系（I_g）与速度坐标系（I_s）。

由图 2 - 32 可以看出，速度系是在航迹系的基础上，再绕 X 轴转动一个速度轴系倾斜角。

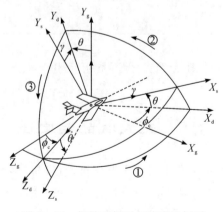

图 2 - 32　惯性坐标系与速度坐标系

因此惯性坐标系与速度坐标系的转换关系为

$$I_x = X_{\gamma_c} Z_{\theta_c} Y_{\varphi_c} I_g \qquad (2-9)$$

3)惯性坐标系(I_g)与机体坐标系(I_t)。

由图 2-33 可以看出,在惯性坐标系的基础上,分别绕 Y、Z、X 轴转偏航角、俯仰角和横滚角,得到机体系。

则惯性坐标系与机体坐标系之间的转换关系为

$$I_t = X_\gamma Z_\theta Y_\varphi I_g \qquad (2-10)$$

4)航迹坐标系 I 与机体坐标系 I_t。

由图 2-34 可以看出,在航迹坐标系的基础上,先绕 X 轴转速度轴系倾斜角,成为速度系,再绕速度系的 Y 轴转侧滑角成为半机体系,再绕半机体系的 Z 轴转迎角成为机体坐标系。

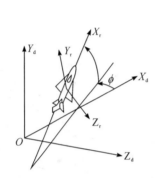

图 2-33 惯性坐标系与机体坐标系

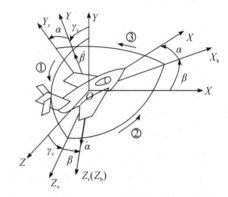

图 2-34 航迹坐标系与机体坐标系

则航迹坐标系与机体坐标系之间的转换关系为

$$I_t = Z_\alpha Y_\beta X_{\gamma_c} I \qquad (2-11)$$

则各坐标系之间的转换关系如图 2-35 所示。

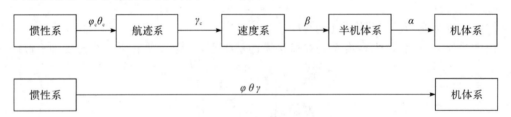

图 2-35 各坐标系间的转换关系

2.5 无人机的稳定性

目前,飞机稳定性的研究主要集中在固定翼飞机,直升机、多旋翼飞行器也有稳定性的问题,但目前研究还相对较少。本书以固定翼飞机为例简单介绍飞机稳定性的问题。

飞机在飞行过程中,经常会受到各种各样的干扰,这些干扰会使飞机偏离原来的平衡状态,而在干扰消失以后,飞机能否自动恢复到原来的平衡状态,这就涉及飞机的稳定或不稳定的问题。

　　所谓飞机的稳定性,是指在飞行过程中,如果飞机受到某种扰动而偏离原来的平衡状态,在扰动消失以后,不经操纵,飞机能自动恢复到原来平衡状态的特性。如果能恢复,则说明飞机是稳定的;如果不能恢复或者更加偏离原来的平衡状态,则说明飞机是不稳定的。

　　飞机在空中飞行,可以产生俯仰运动、偏航运动和滚转运动,飞机绕横轴 oz 的运动为俯仰运动,绕立轴 oy 的运动为偏航运动,绕纵轴 ox 的运动为滚转运动,如图 2-36 所示。根据飞机绕机体轴的运动形式,飞机飞行时的稳定性可分为纵向稳定性、航向稳定性和横向稳定性。

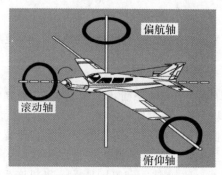

图 2-36　飞机绕过重心的三根互相垂直的轴的运动

（1）飞机的纵向稳定性

　　当飞机受微小扰动而偏离原来纵向平衡状态(俯仰方向),并在扰动消失以后,飞机能自动恢复到原来纵向平衡状态的特性,叫做飞机的纵向稳定性。

　　在飞行过程中,作用于飞机的俯仰力矩主要是机翼力矩和水平尾翼力矩。当飞机的迎角发生变化时,在机翼和尾翼上都会产生一定的附加升力,这个附加升力的合力作用点称为飞机的焦点,如图 2-37 所示。

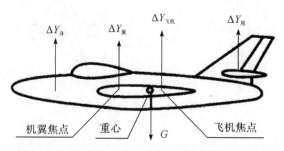

图 2-37　飞机重心位置与纵向稳定性之间的关系

　　当飞机受到扰动而机头上仰时,机翼和水平尾翼的迎角增大,产生一个向上附加升力,如果飞机重心位于焦点位置的前面,则此向上的附加升力会对飞机产生一个下俯的稳定力矩,如图 2-38(a)所示,使飞机趋向于恢复原来的飞行状态。反之,当飞机受扰动而机头下俯时,机翼和水平尾翼的迎角减小,会产生向下的附加升力,此附加升力对重心形成一个上仰的稳定力矩,也使飞机趋向于恢复原来的稳定状态。

　　飞机的纵向稳定性主要取决于飞机重心的位置,只有当飞机的重心位于焦点前面时,飞机才是纵向稳定的;如果飞机的重心位于焦点之后,飞机则是纵向不稳定的,如图 2-38(b)所示。重心前移可以增加飞机的纵向静稳定性,但并不是静稳定性越大越好。例如,静稳定性过大,升降舵的操纵力矩就难以使飞机抬头。因此,由于重心前移使稳定性过大,会导致飞机的操纵性变差。

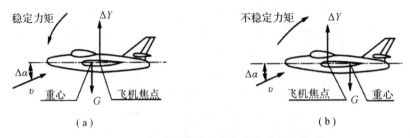

图 3-38 飞机重心位置和纵向稳定之间的关系

(2)飞机的方向稳定性

在飞行中,飞机受到扰动以至于方向平衡状态遭到破坏,而在扰动消失后,飞机如能催向于恢复原来的平衡状态,就具有较好的方向稳定性。飞机主要靠垂直尾翼的作用来保证方向稳定性。方向稳定力矩是在侧滑中产生的。飞机主要靠垂直尾翼的作用来保证方向稳定性。方向稳定力矩是在侧滑中产生的。飞机的侧滑飞行是一种既向前、又向侧方的运动,此时,飞机的对称面和相对气流方向不一致如图 2-39(b)所示。飞机产生侧滑时,空气从飞机侧方吹来,这时相对气流方向和飞机对称面之间就有一个侧滑角。相对气流从左前方吹来叫左侧滑;相对气流从右前方吹来叫右侧滑。

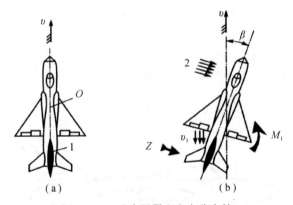

图 2-39 垂直尾翼和方向稳定性

(3)飞机的横侧稳定性

在飞行中,飞机受扰动以致横侧平衡状态遭到破坏,而在扰动消失后,如飞机自身产生一个恢复力矩,使飞机恢复原来的平衡状态,就具有横侧稳定性;反之,就没有横侧稳定性。在飞行过程中,使飞机自动恢复原来横侧向平衡状态的滚转力矩,主要是由机翼上反角、机翼后掠角和垂直尾翼是作用产生的,如图 2-40 所示。

如图 2-41(a)所示,当一阵风吹到飞机的左翼上,使飞机的左翼抬起,右翼下沉,飞机受扰动而产生向右的倾斜,使飞机沿着合力的方向沿右下方产生侧滑。此时,因上反角的作用,右翼迎角增大,升力也增大;左翼则相反,迎角和升力都减小。左右机翼升力之差形成的滚转力矩,力图减小或消除倾斜,进而消除侧滑,使飞机具有自动恢复横侧向平衡状态的趋势。也就是说,飞机具有横侧向稳定性。

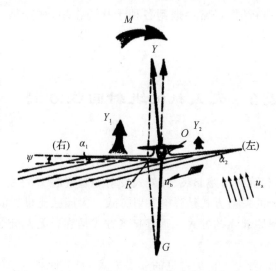

图 2-40　机翼上反角和横侧向稳定性

　　机翼后掠角也使飞机具有横侧向稳定性。如下图左图所示,一旦因外界干扰使飞机产生了向右的倾斜,飞机的升力也跟着倾斜,飞机将沿着合力 R 的方向产生侧滑。由于后掠角的作用,飞机右翼的有效速度大于左翼的有效速度,如图 2-41(b)所示。

　　垂直尾翼也能产生横侧向稳定力矩,这是因为出现倾侧以后,垂直尾翼上产生附加侧力 Δ_z 的作用点高于飞机重心一段距离,此力对飞机重心形成横侧向稳定力矩,如图 2-42 所示,力图消除倾侧和侧滑,使飞机恢复横侧向平衡状态。

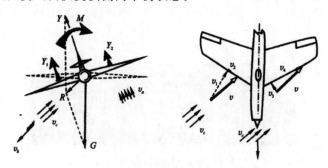

图 2-41　机翼后掠角与横侧向稳定性

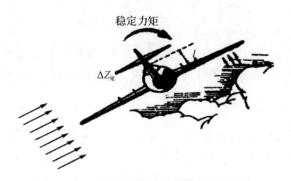

图 2-42　垂直尾翼产生的横侧向稳定力矩

飞机在不稳定气流中飞行时,经常会遇到各种干扰的作用,往往是一波未平,一波又起。但为了保证飞机的稳定飞行,决不能单纯依靠飞机自身的稳定性。飞行员也必须积极地实施操纵,并做及时修正。

2.6 无人机的发射回收方式

2.6.1 发射方式

无人机的发射方式有起落架滑跑起飞、弹射式发射和垂直起飞、手抛式等类型。在地面发射时,无人机使用较为广泛的发射方式是弹射发射方式。大展弦比机翼的无人机,特别是长航时无人机,通常是起落架滑跑起飞的方式。垂直起飞方式是旋翼无人机常用的起飞方式。

1. 起落架滑跑起飞

起落架滑跑起飞是固定翼无人机最常见的起飞方式,安全性高,机动灵活性差,适合军用无人机,但民用领域多数并不具备足够的起飞空间,因此在一定程度上限制了固定翼无人机在民用领域的大范围推广。这种起飞方式与有人机相似,所不同的是:①有些无人机采用可弃式起落架,在无人机滑跑起飞后,起落架便被扔下,回收无人机时,采用别的方式;②大多数无人机,尤其是轻、微型无人机,采用固定起落架,航程较远和飞行时间较长的大、小型无人机采用可收放起落架;③起飞滑跑跑道短,对跑道的要求也不如有人机那样苛求,例如,美国的"秃鹰"、巴西的 BQM-1BR 采用可弃式起落架。起落架滑跑起飞如图 2-43 所示。

图 2-43　起落架滑跑起飞

2. 垂直起飞

(1)旋翼垂直起飞

这种起飞方式的特点是以旋翼做无人机升力工具,旋转旋翼使无人机垂直起飞。由于这种起飞方式不受场地面积与地理条件的限制,所以适用范围广。旋翼垂直起飞如图 2-44 所示。

(2)固定翼垂直起飞

固定翼无人机垂直起飞有两种情况。一种是飞机在起飞时,以垂直姿态安置在发生场上,由飞机尾支座支撑飞机,在机上发动机作用下起飞。另一种是在机上配备垂直起飞用的发动机,在该发动机推力下,飞机垂直起飞。固定翼垂直起飞如图 2-45 所示。

图 2-44　旋翼垂直起飞

图 2-45　固定翼垂直起飞

3. 弹射式发射

无人机安装在轨道式发射装置上,在压缩空气、橡皮筋或液压等弹射装置作用下起飞,无人机飞离发射装置后,在主发动机作用下完成飞行任务。例如,英国的"不死鸟"在液压弹射器作用下从车载斜轨上发射;法国的"玛尔特"MKPⅡ在弹簧索弹射装置下从斜轨上发射;比利时的"食雀鹰"在自带的 M3 型火箭助推器作用下从 2.5 m 短轨上发射。弹射式发射如图 2-46 所示。

4. 手抛发射

这种发射方式最简单,由 1 人或 2 人操作,靠无人机自身动力起飞。手抛发射的无人机通常最大尺寸小于 3 m,发射质量多数小于 7 kg。例如 FQM-151A"指针",该机是单人携带/发射式无人机,翼展 2.74 m,机长 1.83 m,最大发射质量 3.6 kg。英国的 BIT-1lmp 是单人发射无人机,其翼展 1.83 m,机长 1.09 m,最大发射质量 5.9 kg。手抛式发射如图 2-47 所示。

图 2-46　弹射式发射

图 2-47　手抛式发射

2.6.2　回收

无人机的回收方式可归纳为起落架滑跑、垂直着陆回收、拦阻网回收等类型。有些小型无人机在回收时不用回收工具而是靠机体某部分直接触地回收飞机,采用这种简单回收方式的无人机通常是体重小于 10 kg,最大特征尺寸在 3.5 m 以下。例如,英国的 UMAC Ⅱ 飞翼式无人机,完成任务后靠机腹着陆回收。

1.起落架滑跑着陆

这种回收方式与有人机相似,不同之处是:①对跑道要求不如有人机苛刻。②有些无人机的起落架局部被设计成较脆弱的结构,允许着陆时撞地损坏,吸收能量。③为缩短着陆滑跑距离,有些无人机例如以色列的"先锋""猛犬""侦察兵"等在机尾装尾钩,在着陆滑跑时,尾钩钩住地面拦截绳,大大缩短了着陆滑跑距离。

2.垂直着陆回收

垂直着陆回收只需小面积回收场地,因不受回收区地形条件的限制而特别受到青睐。

(1)旋翼航空器垂直着陆

这种着陆方式的特点是以旋翼旋转作为获取升力的来源,操纵旋翼的旋转速度,使无人机着陆。

(2)固定翼垂直着陆

此种垂直着陆方式的特点是以发动机推力直接抵消重力。这种着陆方式又可分为两类:一是在无人机上配备着陆时用的专用发动机,着陆时,控制机上的主发动机推力的垂直分力和专用发动机推力的共同作用下,减速、垂直着陆;二是在回收时成垂直状态,在发动机推力的垂直分力作用下,减速、垂直着陆。

3.拦阻网或"天钩"回收

用拦阻网系统回收无人机是目前世界小型无人机较普遍采用的回收方式之一。拦阻网系统通常由拦阻网、能量吸收装置和自动引导设备组成。能量吸收装置与拦阻网相连,其作用是吸收无人机撞网的能量,免得无人机触网后在网上弹跳不停,以致损伤。自动引导设备一般是一部置于网后的电视摄像机,或是装在拦阻网架上的红外接收机,由它们及时向地面站报告无人机返航路线的偏差。拦阻网回收如图 2-48 所示。

图 2-48　拦阻网回收

课 后 练 习

1.大气层分为几层,分别是什么?

2.叙述一下流体的两个基本定理。

3.飞机是怎样产生升力的?

4.飞机的阻力有哪些?

5.影响飞机升力和阻力的因素有哪些?

6.飞机的发射方式有哪些?

7.飞机的回收方式有哪些?

8.飞机的稳定性有哪些?

第 3 章　航空器平台

内容提示

无人机航空器平台是无人机系统的重要组成部分。无人机与有人机的航空器平台本质上是相同的,只是因为无人机没有驾驶员所以在一些方面存在差异。采用不同航空器平台的无人机有着不同的结构和特性。通过本章学习读者将对不同平台的航空器有一定的认识,掌握它们的结构和特性,为进一步无人机知识的学习打下基础。

教学要求

(1)掌握航空器的分类方式。
(2)了解固定翼、直升机、多旋翼三种飞行器的构成。
(3)掌握固定翼、直升机、多旋翼三种飞行器的操纵原理。
(4)掌握固定翼、直升机、多旋翼三种飞行器的优缺点。
(5)了解其他形式的飞行器。

内容框架图

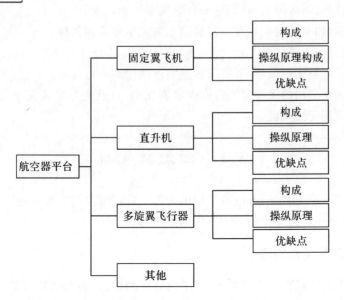

航空器(aircraft)是能在大气层内进行可控飞行的飞行器。任何航空器都必须产生大于

自身重力的升力,才能升入空中。根据产生升力的原理,航空器可分为两大类:轻于空气的航空器和重于空气的航空器。前者靠空气静浮力升空;后者靠空气动力克服自身重力升空。图3-1为常规航空器分类。

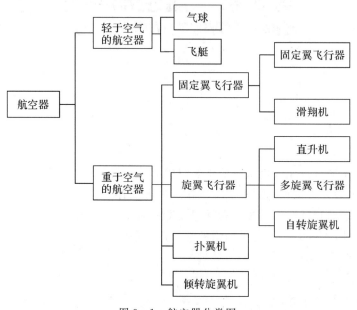

图3-1 航空器分类图

无人机的飞行器平台主要使用的是重于空气的航空器。从飞行器平台技术本身来讲,无人机和有人机并无本质区别,但无人机系统飞行平台在某些方面更为简单,主要表现在如下几方面:

1)无需生命保障系统,平台规模尺度小,更加简化;

2)无需考虑过载、耐久等人为因素,平台更加专用化;

3)为降低成本,相对于有人机在一定程度上放宽了可靠性指标;

4)对场地、地面保障等依赖小;

5)训练可大量依赖于模拟器,节省飞行器实际使用寿命;

目前无人机主要应用的飞行器平台有固定翼飞机、直升机和多旋翼飞行器。其他类型的飞行平台则很少应用于无人机。

3.1 固定翼飞机

固定翼飞机(Fixed-wing plane),是指由动力装置产生前进的推力或拉力,由机身的固定机翼产生升力,在大气层内飞行的重于空气的航空器。

3.1.1 固定翼飞机构成

虽然目前固定翼飞机存在着多种多样、千奇百怪的形式,但大多数固定翼飞机还是按照比较常规的几种布局设计。固定翼飞机机体通常由机翼、机身、尾翼、起落架和推进装置五部分构成,如图 3 - 2 所示。

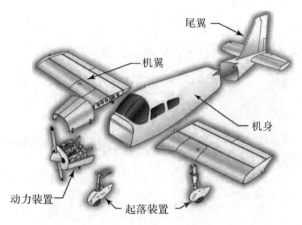

图 3 - 2　固定翼飞机构成

(1)机翼

机翼是飞机产生升力的部件。发动机产生推力推动飞机向前,机翼与空气产生相对速度。由连续性原理和伯努利原理可知机翼表面产生压力差从而产生升力。

机翼后缘有可操纵的活动面,靠外侧的叫做副翼,用于控制飞机的滚转运动,靠内侧的则是襟翼,用于增加起飞着陆阶段的升力。机翼内部通常安装油箱,机翼下面则可供挂载副油箱和武器等附加设备。有些飞机的发动机和起落架也被安装在机翼下方。在航空技术不发达的早期为了提供更大的升力,固定翼机以双翼机甚至多翼机为主,但现代飞机一般是单翼机。

机翼由一根或更多的沿机翼展向(根部到翼尖)的翼梁以及几个沿着弦向(前缘到后缘)的翼肋或肋组成。翼梁有上和下缘条,由坚固的腹板或撑杆连接起来。翼肋形成飞机翼的空气动力学外形或翼型。并且作为一个刚性的结构或构架来构造,非常坚固,就像一个隔板。翼梁和翼肋之上的机翼蒙皮提供飞机的主要升力平面。蒙皮如果太薄,可以用较轻的长桁的展向部件来加强。翼梁、翼肋以及加强蒙皮的整体形成盒梁或扭矩盒,盒梁可能以悬臂梁形式与机身相连,或者从一侧翼尖连通到另一个翼尖。

(2)机身

机身的主要功用是装载人员、货物、设备、燃料和武器等,也是飞机其他结构部件的安装基础,将尾翼、机翼及发动机等连接成一个整体。

典型的机身结构是半硬壳结构,通常被分为前部、中部和尾部三个部分。应力蒙皮的半硬壳结构中,机身蒙皮由一些沿机身方向的部件加强,当这些部件很轻时,它们被称为长桁;当它们很重时,称为机身大梁。蒙皮的形状由一些横向的结构框或隔板来维持。主要的一根纵向机身梁称为龙骨。

(3)尾翼

尾翼是用来平衡、稳定和操纵飞机飞行姿态的部件,通常包括垂直尾翼(垂尾)和水平尾翼(平尾)两部分。垂直尾翼由固定的垂直安定面和安装在其后部的方向舵组成,水平尾翼由固定的水平安定面和安装在其后部的升降舵组成,一些型号的飞机升降舵由全动水平尾翼代替。方向舵用于控制飞机的航向运动,升降舵用于控制飞机的俯仰运动。

对于这种既有机翼又有平尾的飞机,称之为"常规布局"。常规布局最大的优点是技术成熟,这是航空发展史上最早广泛使用的布局,理论研究已经非常完善,生产技术也成熟而又稳定,同其他气动布局相比各项性能比较均衡。世界上大多数飞机属于这种气动布局,绝大多数固定翼无人机也是常规布局。图3-3所示为FC-1"枭龙"战机。

图3-3 常规布局飞机——FC-1"枭龙"战机

部分飞机将原本在机翼后面的尾翼移至机翼前面,称为"鸭翼",这种布局的飞机称为"鸭式布局飞机",如图3-4所示。也可以理解成主翼缩小,水平尾翼放大的常规布局。鸭翼布局的飞机在高速飞行时更加稳定,起降距离明显缩短,甚至机动性能比常规布局更加出色。这种布局在战斗机上应用最广,无人机采用鸭式布局的有瑞典的JAS39、英法德西班牙联合研制的欧洲战斗机EU2000、法国的阵风、以色列的幼师、我国歼10猛龙等。

图3-4 鸭式布局飞机

"三翼面"布局是增添鸭翼的同时保留了平尾,这样有三个机翼可以更好地平衡分配载重,机动性能更好,对飞机的操控也更精准更灵活,可以缩短起降距离。缺点是会增加阻力,降低空气动力效率,增加操控系统复杂程度和生产成本。目前俄罗斯苏27的改进型苏30MKI、33、34、35、37系列采用了这种气动布局,如图3-5所示。

"无尾"布局是既无平尾又无鸭翼。这种气动布局,主翼在机尾实际起到水平尾翼的作用(见图3-6)。

无尾布局的最大优点是高速飞行时性能优异,是最接近飞镖、导弹、火箭的气动布局,航天飞机采用的也是无尾布局。因为这是最适合高速飞行的布局,阻力小,结构强度大。由于没有水平尾翼,无尾布局大大减少了空气阻力,因为在常规布局中,从主翼表面流过来的气流会在水平尾翼形成阻力,同时为了平衡主翼的升力,水平尾翼其实一直充当一个"向下压"的角色,会损失掉一部分升力,所以与常规布局相比,无尾布局的空气动力效率要高很多,更适合高速飞行。无尾布局机翼承载重量更合理、机身链接结构更稳固。无尾布局的缺点是低速性能不好,这影响到飞机的低速机动性能和起降能力。另外无尾布局因为只能依靠主翼控制飞行,所以稳定性也不理想。无尾布局在欧洲应用最为普及,法国的幻影系列是典型机型。

图 3-5　三翼面布局飞机——苏 37

图 3-6　无尾布局飞机

（4）起落架

起落架是用来支撑飞机停放、滑行、起飞和着陆滑跑的部件,由支柱、缓冲器、刹车装置、机轮和收放机构组成。陆上飞机的起落装置一般由减震支柱和机轮组成,此外还有专供水上飞机起降的带有浮筒装置的起落架和雪地起飞用的滑橇式起落架。

（5）推进系统

推进系统的主要功能是提供可控的推力,使空气进出发动机,并为一些附属装置提供动力。推进系统由发动机、螺旋桨、发动机空气进气口和排气口、润滑系统、发动机控制、传动附件以及传动机匣等组成。

飞机的动力装置系统的核心是航空发动机,还包括一系列保证发动机正常工作的系统,如发动机燃油系统、发动机控制系统等。其主要功能是用来产生拉力或推力克服与空气相对运动时产生的阻力使飞机前进;还为飞机上的用电设备提供电力,如空调、照明等设备提供电力保障。

除此之外,固定翼飞机通常还有用来保证正常飞行与安全所需的导航系统、控制系统、通信系统等。

3.1.2　固定翼飞行器的操纵

固定翼飞行器控制原理如下:固定翼飞机通常包括方向、副翼、升降、油门、襟翼等控制舵面,通过舵机改变飞机的翼面,产生相应的扭矩,控制飞机转弯、爬升、俯冲、横滚等动作,如图3-7所示。主操纵系统用来操纵方向舵、副翼、升降舵。辅助操纵系统用来操纵水平安定面、配平调整片。副翼操纵系统的功用是与扰流板提供飞机横向操纵,使其绕纵轴作滚转运动。方向舵操纵系统的功用是提供飞机偏航操纵,操纵飞机使其绕垂直轴作偏转运动。升降舵操纵系统的功用是提供飞机纵向操纵,使飞机绕其横轴作俯仰运动。水平安定面是用于俯仰配平的装置,其配平控制系统通过改变水平安定面的迎角来进行水平配平,能够使飞机在俯仰方向上(即飞机抬头或低头)具有静稳定性。水平安定面是水平尾翼中的固定翼面部分。当飞机水平飞行时,水平安定面不会对飞机产生额外的力矩;而当飞机受到扰动抬头时,此时作用在水平安定面上的气动力就会产生一个使飞机低头的力矩,使飞机恢复到水平飞行姿态;同样,如果飞机低头,则水平安定面产生的力矩就会使飞机抬头,直至恢复水平飞行为止。

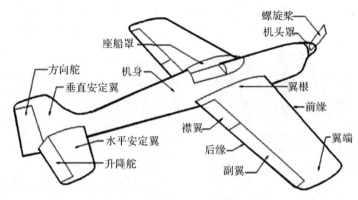

图 3-7   固定翼飞机操纵面

3.1.3   固定翼飞机的优缺点

作为目前应用最为广泛的固定翼飞行器主要优点如下:

1)飞行速度快。固定翼飞机的飞行速度远高于直升机、多旋翼飞行器这类旋翼飞行器。固定翼飞机也是这三类飞行器中唯一可以实现超声速飞行的。

2)气动效率高、运载能力强。固定翼飞行器是三种飞行器(固定翼、直升机、旋翼)中气动效率最高的一种。升阻特性好、航程长、载重大、运输成本低。

缺点如下:

1)起降要求高。对固定翼飞机而言,必须要有一定的初速度才能够在机翼表面产生足够飞机飞起的升力,因此起飞时通常需要滑跑或者弹射装置来获得这个初速度。在降落时则需要减速,通常需要滑跑减速或通过减速伞、阻拦网等其他减速装置减速。

2)无法悬停。固定翼飞机一旦停止前进,机翼与空气间便不再有相对速度,飞机将失去升力,因此固定翼飞机无法悬停。

这些优缺点使得固定翼无人机在城市中很少应用(难以起降)。而在军用领域,往往要求无人机有一定的抗打击能力(要求飞行速度快、航程航时长)、需要挂载较重的武器装备,因而固定翼平台无人机得到了广泛应用。

3.2   单旋翼平台——直升机

3.2.1   直升机

直升机的组成如图 3-8 所示。虽然直升机的大小和形状差别很大,但是大多数直升机机体的主要组成部分都是一样的,包括容纳载荷的机舱,用以将不同部分安装在一起或者容纳各种部件的机身,动力装置或者引擎,负责在引擎和主旋翼之间传递功率的传动装置,提供气动力以支持直升机飞行的主旋翼系统,为了防止直升机由于主旋翼扭矩而旋转而存在的反扭矩系统(最常见的反扭局系统就是尾桨系统),最后是起落架。

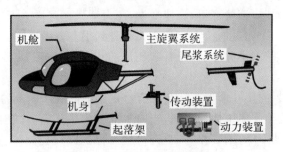

图 3-8　直升机的组成部分

1. 机舱

机舱是用来容纳载荷的空间。对无人机而言,有时也可取消机舱,直接将载荷通过挂载等方式安装在机身上。

2. 机身

机体外形对直升机飞行性能、操纵性和稳定性有重要影响。在使用过程中,机体除承受各种装载传来的负荷外,还承受动部件、武器发射和货物吊装传来的动负荷。这些载荷是通过接头传来的。为了装卸货物及安装设备,机身上要设计很多舱门和开口,这样就使机体结构变得复杂。旋翼、尾桨传给机体的交变载荷,引起机身结构振动,影响结构的疲劳寿命。因此,在设计机身结构时,必须采取措施来降低直升机机体的振动水平。

3. 动力装置

典型的小型直升机使用安装在机身上的活塞往复式发动机。发动机可以采用垂直安装或者水平安装方式,通过传动装置将动力传递到垂直的主桨传动轴上。

大多数的中大升力直升机采用的是涡轮轴发动机。这种发动机的输出功率较大,发动机通过主传动机构将动力传递到主桨和尾桨系统。

4. 传动装置

由于发动机的转速要远高于直升机旋翼的转速,而且发动机正常工作时转速一般不变,而操纵直升机时经常要改变直升机旋翼的转速,因此不能将发动机与直升机旋翼直接相连,必须通过传动装置来传递功率扭矩。传动装置包括减速器(主减速器、尾减速器、中间减速器)、传动轴、离合器和旋翼刹车,如图 3-9 所示。

主减速器是传动装置中最复杂、最大、最重要的一个部件,一般为齿轮传动式减速器,它有发动机的功率输入端以及与旋翼、尾桨附件传动轴相连的功率输出端,其工作特点是减速、转向。它将高转速、小扭矩的发动机功率变成低转速、大扭矩传递给旋翼轴也按转速、扭矩需要将功率传递给尾桨、附件等。

图 3-9　直升机传动系统

5. 主旋翼系统

直升机的主旋翼是直升机的唯一动力源,它既要提供升力,又要提供飞行时所需的动力,并且还要控制飞行的方向。直升机旋翼桨叶的截面就是翼型。直升机飞行时,旋翼不断旋转,空气与桨叶发生相对运动。由升力产生的原理可知,空气流过桨叶上表面,流管变细,流速加快,压力减小;空气流过桨叶下表面时,流管变粗,流速变慢,压力增大。这样一来桨叶的上下表面就形成了压力差,桨叶上产生一个向上的拉力。拉力大小受到很多方面影响,比如桨叶与气流相遇时的角度、空气密度、机翼的大小和形状,还有和气流的相对速度等。各桨叶拉力之和就是旋翼的拉力。

直升机飞行时,旋翼的桨叶会形成一个带有一定锥度的底面朝上的大锥体,将其称为旋翼锥体。旋翼的拉力垂直于旋翼锥体的底面,当向上的拉力大于直升机自重,直升机就上升,小于直升机自重,直升机就下降,刚好相等,直升机就悬停。通过控制旋翼锥体向前后左右各方向的倾斜,就可以改变旋翼拉力的方向,从而实现直升机向不同方向的飞行,直升机旋翼工作示意如图 3 - 10 所示。

直升机与多旋翼飞行器产生升力的原理相同,都是通过旋翼旋转产生,但旋翼系统的具体构造则存在较大差别。挥舞铰、摆振铰和变距铰是实现直升机控制和旋翼正常工作的关键,而一般的多旋翼无人机则没有这些结构。

(1)挥舞铰

旋翼旋转时做圆周运动,由于半径关系,桨叶尖处线速度很大,而桨叶靠近圆心处的根部线速度很小,甚至几乎为零,所以单片桨叶上各处产生的升力并不相同,靠近桨尖的地方产生最大的升力,而靠近根部的地方只产生很小的升力。

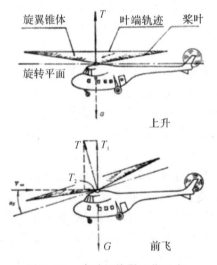

图 3 - 10 直升机旋翼工作示意

此外当直升机前进时,旋翼中的前行桨叶(向机头方向转动的桨叶)的相对气流速度高于后行桨叶(向机尾方向转动的桨叶)的相对气流速度,其产生的升力也大于后行桨叶,这就造成两侧升力的不均匀(见图 3 - 11)。

如果桨叶和桨毂刚性连接,一方面桨叶上不均的升力会使桨叶产生强烈的扭曲,既会加速桨叶材料的疲劳,又容易引起振动,另一方面旋翼两侧升力的不均会使机体失去平衡向一侧翻滚。为了解决这些问题,设计者设计了一个铰接装置来连接桨叶和桨毂,即"挥舞铰"。

"挥舞铰",也叫"水平铰",就是在桨叶的根部设置一个水平的轴孔,通过插销与桨毂相连,这种连接方式允许桨叶在一定幅度范围内挥舞。这样一来桨叶在前行时,由于升力增加,自然向上挥舞,其运动的实际方向不再是水平,而是斜线向上的,桨叶实际的迎角也由于这种运动而减小,升力降低。桨叶在后行时,升力不足,自然下降,这种边旋转边下降的运动,使桨叶的实际迎角增大,升力增加。同时由于离心力的存在,桨叶会有自然拉直的趋势,因此不会在升力作用下无限升高或降低,也就是说桨叶的挥舞幅度不是无限的。同时设计者在机械构造上也采取了相应的措施,保证桨叶不至于因无限挥舞而碰撞机身。

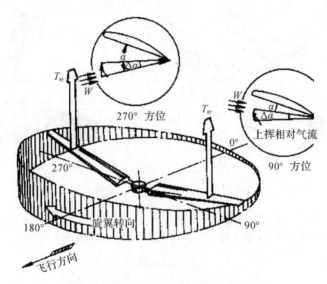

图 3-11　直升机桨叶两侧升力不均匀

(2)摆振铰

桨叶的挥舞虽然解决了升力不均匀材料疲劳等问题,但也带来了新的问题。桨叶向上挥舞时,重心离旋转轴的距离减小,产生的科氏力矩使桨叶加速旋转,桨叶恢复水平时,重心离旋转轴的距离增加,科氏力矩又会使桨叶减速旋转。科氏力矩的大小和方向随着桨叶的挥舞呈现出周期性变化,桨叶在水平方向也会前后摇摆,补偿挥舞造成的科里奥利效应。如果不加控制,这种摇摆对桨叶根部的损伤会非常大,解决的办法就是安装"摆振铰"。

"摆振铰",也叫"垂直铰",就是在桨叶的根部再设置一个垂直的轴孔,通过插销与桨毂其他结构相连,这种连接方式允许桨叶前后小幅度摆动,从而避免桨叶根部变弯或疲劳断裂。此外为了给桨叶绕摆振铰的摆振运动提供阻尼以及保证其有足够的稳定性裕度,防止出现"地面共振",摆振铰上通常都还装有摆振阻尼器,称为减摆器。

由于摆振铰的存在,桨叶前行时自然增加后掠角(即所谓"滞后",因为桨叶在旋转方向上的角速度低于圆心的旋转速度),变相增加桨叶在气流方向上剖面的长度,加强了减小迎角的作用;在后行时,减摆器使桨叶恢复到正常位置(即所谓"领先",因为桨叶在旋转方向上的角速度高于圆心的旋转速度),加强了增加迎角的作用,所以摆振铰有时也被称为领先-滞后铰。

(3)变距铰

桨叶根部还有一个重要的铰链装置,那就是"变距铰",也称"轴向铰"。它的作用是使桨叶绕其轴线在一定范围内偏转,实现改变其安装角,从而调整桨叶产生的升力,简单说就是实现桨叶变距运动的转动关节。

挥舞铰、摆振铰和变距铰是实现直升机控制和旋翼正常工作的关键。

除了采取这种全铰接式(装有挥舞铰、摆振铰和变距铰)旋翼的直升机外,有的直升机采用一个球面弹性体轴承组件来实现实挥舞铰、摆振铰、变距铰三个铰接组件的功能,还有的直升机采用的是无铰接结构,即取消了独立的挥舞铰与摆振铰,挥舞和摆振的功能由桨叶根部的柔性元件的变形来实现(见图 3-12～图 3-13)。

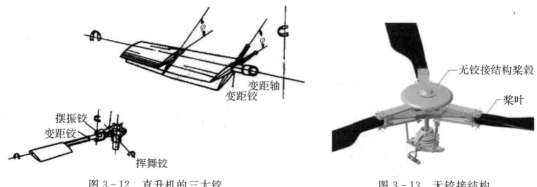

图 3-12 直升机的三大铰   图 3-13 无铰接结构

此外主旋翼只有两片桨叶的直升机通常采用跷跷板式的桨毂结构(见图 3-14),及桨毂与主轴通过一个水平插销结构相连接,桨毂可以绕这个插销转动。

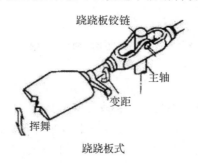

跷跷板式

图 3-14 跷跷板式

6.反扭矩系统

反扭矩系统作用是抵消主旋翼产生的扭矩、保持机体的平稳。牛顿第三定律告诉我们"相互作用的两个物体之间的作用力和反作用力总是大小相等,方向相反,作用在同一条直线上"。所以当直升机驱动主旋翼旋转时,主旋翼也必然会对直升机产生一个反作用力矩,如果只有一个旋翼,没有反扭转系统,直升机机体会进入"不由自主"的旋转。最简单反扭转是在机尾装一个垂直旋转的小旋翼,称之为尾桨,通过或"拉"或"推"的方式抵消反作用力矩,这也是现代大多数直升机普遍采取的方式,如图 3-15 所示。通过控制尾桨"拉力"或"推力"的大小,可以达到使直升机偏转的目的,从而实现直升机的转向。

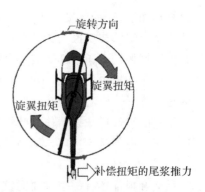

图 3-15 直升机的旋翼扭矩
和反扭矩系统

　　传统的尾桨一般直接暴露在外界中,采用涵道尾桨可提高尾桨的安全性、可靠性。这类系统采用一系列的包围在垂直尾翼中的旋翼桨叶。因为桨叶处在一个圆形的导管中,不容易和外界物体或者人员发生碰撞,如图 3-16 所示。

图 3-16　EC-135 直升机涵道尾桨

　　也可以通过安装两个旋翼来消除彼此的扭矩。这两个旋翼大小相等、共轴、旋转方向相反左右并排,如图 3-17 所示。可以按照前后纵列、上下共轴、交叉式等方式布局,如图 3-18 和图 3-19 所示。

图 3-17　卡 32 双旋翼共轴直升机

图 3-18　双旋翼纵列式直升机

图 3-19 HH-43 双旋翼交叉式直升机

再比如用喷气引射和主旋翼下洗气流的有利交互作用抵消反作用力矩,由此产生了多种多样的直升机布局,如图 3-20 所示。

图 3-20 MD520N 单旋翼无尾桨直升机

7. 起落架

最常见的起落架是滑橇式的,适合在不同类型的表面上起降。一些滑橇式起落架装备了减震器以减少着陆冲击和震动传递到主旋翼。还有些利用滑橇支撑臂的弯曲来吸收震动。起落架也可装配能够更换的重载滑橇以防止过度磨损。也可以装备浮筒进行水上作业,或者装备滑雪板以降落在雪地或者柔软的地面上。

机轮是另外一种形式的起落架,可以是三点式或者是四点式配置。通常为了方便直升机在地面上滑行,机首或者机尾的起落架设计成可以自由旋转的。

除此之外,直升机通常还有用来保证正常飞行与安全所需的导航系统、控制系统、通信系统等。

3.2.2 直升机的操纵

直升机通过总距操纵来实现直升机的升降运动;通过变距操纵来实现直升机的前左后右

运动;通过航向操纵来改变直升机的飞行方向。

（1）总距操纵

总距操纵是用来操纵旋翼的总桨距,使各片桨叶的安装角同时增大或减小,从而改变旋翼拉力的大小。当拉力大于直升机重力时,直升机就上升,反之,直升机则下降。旋翼总桨距改变时,旋翼的需用功率也随着改变。因此,必须相应地改变发动机的油门,使发动机的输出功率与旋翼的需用功率相匹配以保持旋翼速度不变。为减轻驾驶员负担,发动机油门操纵和总距操纵通常是交联的。改变总距时,油门开度也相应地改变。因此,总距操纵一般又称为总桨距-油门操纵。

（2）变距操纵

变距操纵即为周期变距操纵,它通过自动倾斜器使桨叶的安装角周期改变,从而使桨叶升力周期改变,并由此引起桨叶周期挥舞,最终导致旋翼椎体相对于机体向着驾驶杆运动的方向倾斜。由于拉力基本上垂直于桨盘平面,因而拉力也向驾驶杆运动方向倾斜,从而实现纵向（包括俯仰）及横向（包括滚转）运动。例如,当拉力前倾时,产生向前的分立,直升机向前运动,当拉力后倾时,产生向后的分力,直升机向后运动。

（3）航向操纵

航向操纵是用方向舵操纵尾桨的锥力（或拉力）的大小,实现航向操纵。当尾桨的推力（或拉力）改变时,此力对直升机重心的力矩与旋翼的反作用力矩不再平衡,直升机绕立轴转动,使航向发生变化。

3.2.3　直升机的优缺点

直升机作为一种广泛应用的无人机平台,其优点如下:

1）起降方便。直升机可以垂直起降,方便在城市、山区这种难以铺设跑道的地区使用。

2）可以悬停。直升机即使停在空中,由于螺旋桨的转动桨叶与空气有相对速度,仍然可以产生升力。

缺点如下:

1）速度慢,直升机通常速度比较慢,一般只有 200～300 km/h,飞远程需要太长时间。

2）航程短,直升机航程比较短,一般不超过 600 km。

3）结构复杂,维护成本高。直升机的动力传动系统在现有的载人航空器里是最复杂的一套。由涡轮轴发动机通过变速箱带动主旋翼,而且还要通过漫长复杂的传动轴带动后方翘在尾巴上的尾桨运动,这样复杂的动力结构系统使得直升机维护成本较高。

3.3　多旋翼飞行器

多旋翼飞行器是指具有三个及以上旋翼的飞行器。

3.3.1　多旋翼飞行器的构成

相比固定翼飞机和直升机,多旋翼飞行器的构造比较简单,主要由机身、动力系统、控制系统、导航系统、通信系统构成。

1.机身

机身进一步可分为机架、螺旋桨、涵道(可选)、云台(可选)。

(1)机架

机架是多旋翼的承载平台,所有设备都是用机架承载。因此,多旋翼的机架的好坏很大程度上决定了这架多旋翼是否好用。衡量一个机架的好坏,可以从耐用性和安全性、使用方便程度、元器件安装是否合理等等方面考察。

机架的主要参数包括质量、轴距(对角线两个螺旋桨中心的距离,用来衡量机架的尺寸)和材质,如图3-21和图3-22所示。

图 3-21　风火轮 F450,轴距 450 mm

图 3-22　风火轮 F550,轴距 550 mm

(2)起落架

起落架的作用有支撑多旋翼重力;避免螺旋桨离地太近而发生触碰;减弱起飞时的地效;消耗和吸收多旋翼在着陆时的撞击能量。滑橇式起落架如图3-23所示。

图 3-23　滑橇式起落架

2.动力系统

多旋翼飞行器一般都采用电力动力系统,包括电池、电调、电机、螺旋桨。与直升机类似,多旋翼飞行器通过螺旋桨转动、产生与空气的相对速度从而产生升力。

按驱动轴的数量和螺旋桨的数量将多旋翼分类。比如图3-22就是六轴六旋翼无人机。按照电机的排布可分为单轴单桨和共轴双桨(见图3-23共轴双桨八旋翼)。按照机头方向与电机安装的位置关系一般分为Ⅰ型和Ⅴ型(见图3-24)。

图3-23 共轴双桨八旋翼

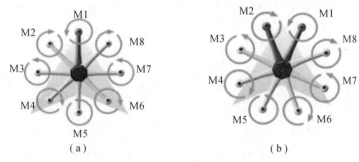

(a)Ⅰ型八旋翼;(b)Ⅴ型八旋翼

图3-24 Ⅰ型与Ⅴ型八旋翼

图3-24(a)无人机的全称应为Ⅰ型单轴单桨八旋翼无人机。由于Ⅰ型和单轴单桨比较常见所以我们日常称呼中会把它们的名字省略,所以左图也可简称为八旋翼无人机。图3-24(b)全称为Ⅴ型共轴双桨八旋翼无人机,也可简称为共轴八旋翼无人机。

四轴无人机是所有多轴无人机中效率最高的方案。也是日常见到最多的布局方案,比如大疆精灵、零度的DOBBY等。六轴及以上布局的多旋翼一般具有断桨保护功能,安全性更高。单轴单桨的布局一般认为效率会比共轴双桨高。共轴双桨的布局在同等级别中会比单轴单桨布局机体尺寸小。共轴双桨的飞机一般比单轴单桨的飞机抗风性要强。

在选择多旋翼无人机时,要根据不同的要求选择不同构型的多旋翼无人机。例如若需要的是续航时间长的多旋翼无人机,最好选择大四轴布局的多旋翼无人机。再例如要需要飞行速度快、抗风性好得多旋翼无人机,最好选择共轴八桨的多旋翼无人机。

3.控制系统

控制多旋翼飞行器的飞行姿态、动作以及飞行方向。

4.导航系统

为多旋翼飞行器提供定位、航向确定以及航线规划。

5.通信系统

实现多旋翼飞行器与地面控制站、地面操作员的通信。这部分也可划分到链路系统中。

3.3.2 多旋翼飞行器的操纵

这里以四旋翼飞行器为例说明。四旋翼飞行器通过调节4个电机转速来改变旋翼转速，实现升力的变化，从而控制飞行器的姿态和位置。四旋翼飞行器是一种六自由度的垂直升降机，但只有4个输入力，同时却有6个状态输出，所以它又是一种欠驱动系统。

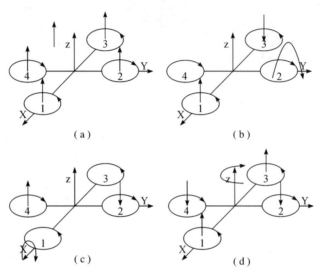

(a)垂直运动；(b)俯仰运动；(c)滚转运动；(d)偏航运动

图3-25 四旋翼飞行器的操纵原理

四旋翼飞行器的电机1和电机3逆时针旋转的同时，电机2和电机4顺时针旋转，因此当飞行器平衡飞行时，陀螺效应和空气动力扭矩效应均被抵消。

在图3-25中，电机1和电机3作逆时针旋转，电机2和电机4作顺时针旋转，规定沿x轴正方向运动称为向前运动，箭头在旋翼的运动平面上方表示此电机转速提高，在下方表示此电机转速下降。

（1）垂直运动

同时增加四个电机的输出功率，旋翼转速增加使得总的拉力增大，当总拉力足以克服整机的重量时，四旋翼飞行器便离地垂直上升；反之，同时减小四个电机的输出功率，四旋翼飞行器则垂直下降，直至平衡落地，实现了沿z轴的垂直运动。当外界扰动量为零时，在旋翼产生的升力等于飞行器的自重时，飞行器便保持悬停状态。

（2）俯仰运动

在图3-25(b)中，电机1的转速上升，电机3的转速下降（改变量大小应相等），电机2、电机4的转速保持不变。由于旋翼1的升力上升，旋翼3的升力下降，产生的不平衡力矩使机身绕y轴旋转，同理，当电机1的转速下降，电机3的转速上升，机身便绕y轴向另一个方向旋转，实现飞行器的俯仰运动。

（3）滚转运动

与图3-25(b)的原理相同，在图3-25(c)中，改变电机2和电机4的转速，保持电机1和电机3的转速不变，则可使机身绕x轴旋转（正向和反向），实现飞行器的滚转运动。

（4）偏航运动

旋翼转动过程中由于空气阻力作用会形成与转动方向相反的反扭矩，为了克服反扭矩影响，可使四个旋翼中的两个正转，两个反转，且对角线上的各个旋翼转动方向相同。反扭矩的大小与旋翼转速有关，当四个电机转速相同时，四个旋翼产生的反扭矩相互平衡，四旋翼飞行器不发生转动；当四个电机转速不完全相同时，不平衡的反扭矩会引起四旋翼飞行器转动。在图 3-25(d) 中，当电机 1 和电机 3 的转速上升，电机 2 和电机 4 的转速下降时，旋翼 1 和旋翼 3 对机身的反扭矩大于旋翼 2 和旋翼 4 对机身的反扭矩，机身便在富余反扭矩的作用下绕 z 轴转动，实现飞行器的偏航运动，转向与电机 1、电机 3 的转向相反。

（5）前后运动

要想实现飞行器在水平面内前后、左右的运动，必须在水平面内对飞行器施加一定的力。在图 3-25(c) 中，增加电机 3 转速，使拉力增大，相应减小电机 1 转速，使拉力减小，同时保持其他两个电机转速不变，反扭矩仍然要保持平衡。按图 3-25(b) 的理论，飞行器首先发生一定程度的倾斜，从而使旋翼拉力产生水平分量，因此可以实现飞行器的前飞运动。向后飞行与向前飞行正好相反。（在图 3-25(b) 和图 3-25(c) 中，飞行器在产生俯仰、翻滚运动的同时也会产生沿 x 和 y 轴的水平运动。）

（6）倾向运动

由于结构对称，所以倾向飞行的工作原理与前后运动完全一样。

3.3.3　多旋翼无人机的优缺点

目前无人机市场中多旋翼无人机占据了多数份额，这是由于相比于固定翼、直升机，多旋翼在用户体验方面有以下优点：

1）在操控性方面，多旋翼的操控是最简单的。它不需要跑道便可以垂直起降，起飞后可在空中悬停。它的操控原理简单，操控器的四个遥感操作对应飞行器的前后、左右、上下和偏航方向的运动。在自动驾驶仪方面，多旋翼自动驾驶仪控制方法简单，控制器参数调节也很简单。相对而言，学习固定翼和直升机的飞行不是简单的事情。固定翼飞行场地要求开阔，而直升机飞行过程中会产生通道间耦合，自动驾驶仪控制器设计困难，控制器调节也很困难。

2）在可靠性方面，多旋翼也是表现最出色的。若仅考虑机械的可靠性，多旋翼没有活动部件，它的可靠性基本上取决于无刷电机的可靠性，因此可靠性较高。相比较而言，固定翼和直升机有活动的机械连接部件，飞行过程中会产生磨损，导致可靠性下降。而且多旋翼能够悬停，飞行范围受控，相对固定翼更安全。

3）在勤务性方面，多旋翼的勤务性是最高的。因其结构简单，若电机、电子调速器、电池、桨和机架损坏，很容易替换。而固定翼和直升机零件比较多，安装也需要技巧，相对比较麻烦。

多旋翼也存在一些不足：

1）多旋翼的续航性能不好。对多旋翼而言，它的运动依赖于螺旋桨及时的速度改变，以调整力和力矩，因而控制系统对它来讲是最重要的，而气动效率方面一般不是关注的重点。这就导致多旋翼的气动效率远不如固定翼飞机与直升机，升阻特性并不出色，能量转化效率低，续航能力差。

2）多旋翼载重性能不好。相比固定翼飞机、直升机可以做得很大，承载较大载荷，多旋翼飞行器一般很难做到很大，这是因为：①桨叶尺寸越大，越难迅速改变其速度，正是因为如此，直升机主要是靠改变桨距而不是速度来改变升力；②在大载重下，桨的刚性需要进一步提高，螺旋桨的上下振动会导致刚性大的桨很容易折断,这与我们平时来回折铁丝便可将铁丝折断同理。因此,桨叶的柔性是很重要的,它可以减少桨叶来回旋转对桨叶根部的影响。正因为如此,为了减少桨叶的疲劳,直升机采用了一个容许桨叶在旋转过程中上下运动的挥舞铰。如果要提供大载重,多旋翼也需要增加活动部件或加入涵道和整流片。这相当于一个多旋翼含有多个直升机结构。这样多旋翼的可靠性和维护性就会急剧下降,优势也就不那么明显了。当然,另一种增加多旋翼载重能力的可行方案便是增加桨叶数量,增至 18 个或 32 个桨。但该方式会极大地降低可靠性、维护性和续航性。种种原因使人们最终选择了微小型多旋翼,这也限制了多旋翼飞行器的载重性能。

综合考虑这些优势与不足,日常任务(如航拍、电力巡检、植保)对续航和载重的要求通常并不是很高。而多旋翼在操控性、可靠性、勤务性上有其他形式无人机无可比拟的优势。随着电池能量密度的不断提升、材料的轻型化和机载设备的不断小型化,多旋翼的优势将进一步凸显。因此,在大众市场,"刚性"体验最终让人们选择了多旋翼。

3.4 其他类型航空器

3.4.1 扑翼机

扑翼机(ornithopter)是指机翼能像鸟和昆虫翅膀那样上下扑动的重于空气的航空器,又称振翼机(见图 3-26)。扑动的机翼不仅产生升力,还产生向前的推动力。

目前已经能够制造出接近实用的扑翼飞行器。这些飞行器从原理上可以分为仿鸟扑翼和仿昆虫扑翼,以微小型无人扑翼为主,也有大型载人扑翼机试飞。仿鸟扑翼的扑动频率低,翼面积大,类似鸟类飞行,制造相对容易;仿昆虫扑翼扑动频率高,翼面积小,制造难度高,但可以方便地实现悬停。

图 3-26 扑翼机

但这些扑翼机距实用仍有一定差距,仍无法广泛应用,只能用在一些有特殊要求的任务中。主要难点在如下:

(1)空气动力学基础

因为昆虫和鸟类的翅膀不像飞机机翼一样具有标准的流线型,而是类似的平面薄体结构,翅膀拍动过程中伴随着快速且多样性的运动,产生很多局部不稳定气流,这种非定向的空气动力学效应很复杂。

(2)飞行动力能源问题

早期的仿生扑翼飞行器的研究经验靠人体肌肉的力量驱动扑翼飞行器是无法实现持续飞行的,由于微型扑翼飞行器要求外形较小、质量轻、能耗少,因此对于能源系统有着很严格的要求。就目前趋势来看,在今后的研制过程中,电池和微小型电机应该是相当长一段时间内的首选对象。

(3)翼形和材料问题

设计和制造具有非定常空气动力学特性的高效仿生翼,是仿生扑翼飞行研究中急待解决的问题。仿生翼必须轻而坚固,能够在高频振动下不会断裂,且要能够提供足够的升力和推进力等。仿生翼的研究包括翼的结构和形状设计、传动机构设计、材料的选择以及与制造有关的工艺问题。

(4)通信和控制系统

像鸟类和昆虫一样实现对仿生扑翼飞行的控制是不现实的,控制系统须根据实际使用要求进行很大的简化。首先,将外部条件简化,即考虑飞行环境是理想的;其次,可采用多级简单控制方法。另外,结合实际研制过程,遥控操作、电子调速及方向舵相结合的简单控制系统仍将是首选。目前适用于仿生飞行器的通信系统仍处于不断发展的阶段,但随着电子、计算机技术的快速发展,更加先进的通信技术肯定能够得以实现。

3.4.2 倾转旋翼机

倾转旋翼机是一种性能独特的旋翼飞行器(见图 3-27)。它是在类似固定翼飞机机翼的两翼尖处,各装一套可在水平位置与垂直位置之间转动的旋翼倾转系统组件,当飞机垂直起飞和着陆时,旋翼轴垂直于地面,呈横列式直升机飞行状态,并可在空中悬停、前后飞行和侧飞。在动力装置旋转至水平位置时相当于固定翼螺旋桨飞机。与直升机相比,倾转旋翼机航程远,航速高。

图 3-27 倾转旋翼机

课 后 练 习

1.简述航空器的分类。

2.固定翼飞机、直升机、多旋翼航空器的构成有哪些?

3.固定翼飞机、直升机、多旋翼航空器都是怎样实现操纵的?

4.固定翼飞机、直升机、多旋翼航空器的优缺点有哪些?

5.固定翼飞机常见的布局有哪些?

6.直升机常见的布局有哪些?

7.多旋翼飞行器常见的布局有哪些?

8.除了上述三种航空器外,还有那些形式的航空器?

第4章 无人机动力系统

无人机的动力系统是保证无人机产生动力以及保障动力系统正常工作所必需的系统和附件的总称。按照无人机动力系统来源划分,目前主要分为电动无人机和油动无人机两种。电动无人机主要采用锂电池,油动无人机主要采用汽油。

(1)掌握无人机动力系统分类及特点。
(2)掌握无人机油动系统的发展、组成、原理、参数及应用。
(3)掌握无人机电动系统的发展、组成、原理、参数及应用。

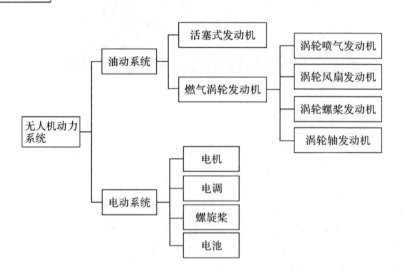

4.1 无人机动力系统概述

按照无人机动力系统来源划分,目前主要分为电动无人机和油动无人机两种。电动无人机主要采用锂电池,油动无人机主要采用汽油。

（1）油动无人机的动力系统

油动无人机主要依靠发动机内汽油的燃烧提供动力来源。发动机主要包括活塞式发动机和燃气涡轮发动机。其中，燃气涡轮发动机根据构造和原理的些许差异，又可分为涡喷、涡扇、涡桨和涡轴四类。在 4.2 节中，将详细论述这几种发动机的发展、组成、原理、特点及应用。

图 4-1　美国勒特姆无人机航拍系统－SR200 油动无人机航拍系统

与电动无人机相比，油动无人机具有以下优点：有较好的抗风能力；续航时间长、续航能力强，如图 4-1 所示。同时，也具有以下缺点：使用复杂，不易掌握，对飞行员的操作水平要求高；稳定性差（现有民用无人机大多采用航模发动机，发动机稳定性差，工况复杂）；环境场地适应能力差，高原性能不足；振动大（发动机振动大，影响成像质量，容易对传感器造成损伤）；危险性大（油动无人机系统较重，飞行速度快，危险大）。

（2）电动无人机的动力系统

电动无人机以电池为动力能源，当前绝大多数多旋翼无人机都是电动无人机。如图 4-2 所示为大疆（DJI）精灵 3 电动无人机。

电动无人机的动力系统主要包括电机、电调、螺旋桨和电池。电机是指依据电磁感应定律实现电能转换或传递的一种电磁装置；电调全称电子调速器，（英文 Electronic Speed Control, ESC），针对不同电机，可分

图 4-2　大疆（DJI）精灵 3 电动无人机

为有刷电调和无刷电调，它根据控制信号调节电动机的转速；螺旋桨是直接产生升力的部件；动力电池组用于给电机供电，以带动其他设备运行。

与油动无人机相比，有以下优点：系统稳定性强，可靠性高；日常维护简单，易掌握，对飞行员的操作水平要求低；场地适应能力强，展开迅速，轻便灵活；高原性能优越，电动机输出功率不受含氧量影响；电池可充电重复使用，使用成本低，同时环保低碳；振动小，成像质量好。

同时，也有以下缺点：抗风力弱（最高可抗 5 级风）；续航能力弱（基于现有电池的能量密度，电动无人机的续航能力较弱）。

4.2　油 动 系 统

油动无人机使用的动力装置主要有活塞式发动机和燃气涡轮发动机两类，其中，燃气涡轮

发动机又可分为涡轮喷气发动机、涡轮螺旋桨式发动机、涡轮风扇发动机和涡轮轴发动机四类，如图4-3所示为各类发动机实物图。

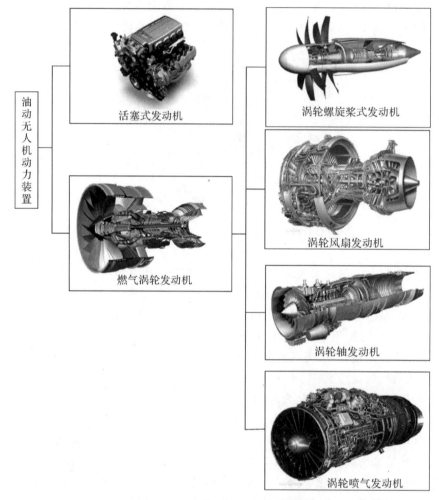

图4-3　油动无人机的动力装置

1)涡喷发动机，是最早出现的燃气涡轮发动机。其主要特点是推力大、重量轻、能适应高速高空飞行。正是涡喷发动机的出现，才使飞机具有了破"音障"的能力，实现了超声速的飞行。但它也具有耗油率高和能量损失大的缺点。

2)涡桨发动机，是为了克服涡喷发动机耗油率高的缺点而产生的。其主要特点是能量损失小、推进效率高和油耗低。但是其也具有明显的缺点，即飞行速度不快，一般只能用于马赫数 $Ma=0.5\sim0.7$ 的飞机（马赫数 Ma 是指飞机飞行速度与当地声速的比值）。

3)涡扇发动机，是由尾喷管排出的燃气和风扇加速的空气共同产生推力的发动机。其主要特点是喷气速度小、噪声低、耗油率低等，但是由于高涵道比的涡扇发动机迎风面积较大、喷气速度小不适于超声速飞行，现主要用于各类民航客机。

4)涡轴发动机，主要用于直升机。发动机输出的轴功率通过减速器减速并转向，驱动旋翼旋转，将空气向下向后排出，产生向上向前的力使直升机腾空飞翔。

下面将在组成、工作原理、基本参数和应用方面详细讨论各发动机。

4.2.1　活塞式发动机

1.活塞式发动机发展历程

从1903年第一架飞机升空到第二次世界大战末期，所有飞机都用活塞式航空发动机作为动力装置。

20世纪40年代中期在军用飞机和大型民用机上燃气涡轮发动机逐步取代了活塞式航空发动机，但小功率活塞式航空发动机比燃气涡轮发动机经济，在轻型低速飞机上仍得到应用。

2.活塞式发动机的组成结构

活塞式航空发动机是一种往复式内燃机，通过带动螺旋桨高速转动而产生推力。主要由气缸、活塞、连杆、曲轴、气门机构、螺旋桨减速器、机匣等组成，如图4-4所示。

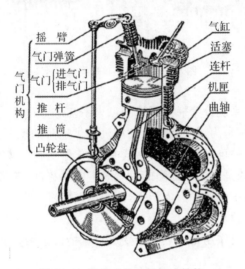

图4-4　活塞式发动机组成结构

1)气缸：呈圆筒形，固定在机匣上，是混合气进行燃烧并将燃烧释放出来的热能转变为机械能的场所。

2)活塞：装在气缸里面，并在气缸内作往复直线运动，将燃气所做的功传递出去，并通过连杆将这种运动转变成曲轴的旋转运动。

3)连杆：一端连接活塞，另一端与曲轴相连，起着传递力的作用，并和曲柄一起将活塞的直线运动转变为曲轴旋转运动。

4)曲轴：曲轴是发动机输出功率的部件，曲轴转动时，通过减速器带动螺旋桨转动而产生拉力，和连杆一起将活塞的直线运动转变为旋转运动，将功传递给螺旋桨。除此而外，曲轴还要带动一些附件(如各种油泵、发电机等)。

5)气门机构：就是控制气门的开启和关闭，保证新鲜混合气在适当的时机进入气缸，以及保证燃烧做功后的废气适时地从气缸中排出。

6)机匣：作为发动机的壳体，它除了用来安装气缸和支承曲轴外，还将发动机所有的机件联结起来，构成一台完整的发动机。

7)减速器:对于大功率航空活塞式发动机来说,其曲轴和螺旋桨轴间还装有减速器,使螺旋桨轴的转速低于曲轴的转速。

8)发动机和螺旋桨配合:活塞式发动机是利用汽油与空气混合,在密闭的容器(气缸)内燃烧,膨胀做功的机械。活塞式发动机必须带动螺旋桨,由螺旋桨产生推(拉)力。所以,作为飞机的动力装置时,发动机与螺旋桨是不能分割的,如图4-5所示。

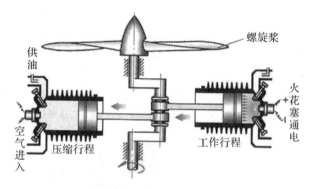

图4-5 发动机和螺旋桨配合

活塞式发动机的工作系统分为燃油系统和点火系统。

1)燃油系统:燃油系统是为了不断地给发动机提供适量的燃油,并将燃油很好地雾化,与空气均匀混合成浓度合适的可燃混合气。型式有:汽化器式和直接喷射式。

2)点火系统:点火系统是为了在适当的时刻产生电火花,以点燃气缸里的混合气。电火花由装在气缸上的电嘴在高压电的作用下产生,而高压电由磁电机产生。

3.活塞式发动机的工作原理

航空活塞式发动机主要作用是将热能转变成机械能的动力装置,是通过活塞的几个行程来完成的,如图4-6所示。

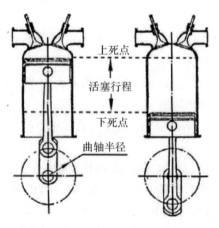

图4-6 活塞式发动机基本概念

(1)基本概念

1)上死点,是活塞距曲轴旋转中心最远的位置。

2)下死点,是活塞距曲轴旋转中心最近的位置。

3)活塞行程,上、下死点之间的距离叫做活塞的行程。

活塞在上死点时,气体在气缸内所占有的容积,叫做燃烧室容积,用 V_r 表示;活塞在下死点时,气体在气缸内所占有的容积,叫做气缸全容积,用 V_q 表示;上死点与下死点之间的气缸容积,叫做气缸工作容积,用 V_{gz} 表示。工作容积等于气缸横截面积与活塞行程的乘积;工作容积等于全容积与燃烧室容积之差,即:

$$V_{gz} = V_q - V_r$$

(2)四冲程发动机的基本工作原理

活塞式航空发动机大多是四冲程发动机,即一个气缸完成一个工作循环,活塞在气缸内要经过四个冲程,依次是进气冲程、压缩冲程、膨胀冲程和排气冲程。

混合气从进入气缸起,分别经过压缩、燃烧、膨胀,直到废气排出,在这整个过程中,活塞从上死点到下死点之间往返了两次,也就是连续地移动了四个行程。由于在这四个行程中,分别完成了进气、压缩、膨胀和排气的工作,所以这四个行程相应地叫做进气行程、压缩行程、膨胀行程和排气行程。从进气行程开始,到排气行程结束,四个行程组成一个工作循环。

活塞在气缸的上死点和下死点之间往返了两次,连续移动了四个行程,在四个行程中曲轴旋转两周,每个气缸有一次点火,如图4-7所示。在一个循环中完成了五个过程,五个过程的顺序是进气、压缩、燃烧、膨胀、排气,如图4-8所示。

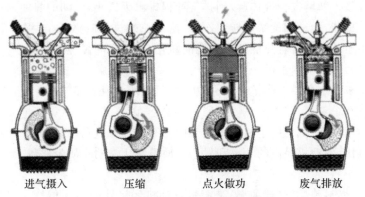

进气摄入　　　　压缩　　　　点火做功　　　　废气排放

图4-7　四行程发动机的基本工作原理

进气 → 压缩 → 燃烧 → 膨胀 → 排气

图4-8　每个循环中的五个过程

1)进气冲程:在进气行程中,排气门始终关闭,活塞在上死点时进气门打开。因此,当活塞从上死点向下死点移动时,气缸内容积扩大,压力减小,在气缸内外压力差的作用下,混合气经过进气门进入气缸。活塞到达下死点,进气门关闭,不再进气,进气行程结束。

2)压缩冲程:在进气行程之后,活塞从下死点往上死点移动,这时曲轴靠惯性作用继续旋转,把活塞由下死点向上推动。这时进气门也同排气门一样严密关闭。气缸内容积逐渐减少,混合气体受到活塞的强烈压缩。当活塞运动到上死点时,混合气体被压缩在上死点和气缸头之间的小空间,即"燃烧室"内。这时混合气体的压强达到10个大气压,温度也增加到400℃

左右。

压缩是为了更好地利用汽油燃烧时产生的热量,使限制在燃烧室混合气体的压强大大提高,以便增加它燃烧后的做功能力。

当活塞处于下死点时,气缸内的容积最大,在上死点时容积最小(后者也是燃烧室的容积)。混合气体被压缩的程度,可以用这两个容积的比值"压缩比"来衡量。活塞式航空发动机的压缩比大约是 5~8,压缩比越大,气体被压缩得越厉害,发动机产生的功率也就越大。

3)膨胀做功冲程:在压缩行程结束时,电嘴产生电火花,将压缩后的混合气点燃。膨胀行程就是混合气燃烧膨胀做功的一个行程,也就是发动机赖以产生动力的一个行程,因此称为工作行程。

在膨胀行程中,进气门和排气门仍然关闭着,混合气在电嘴点火后的瞬间全部燃烧,放出大量的热能,燃气的温度和压力急剧升高。在燃气膨胀的同时,以很大的压力推动活塞,使活塞从上死点向下死点移动,这样燃气便做了功。燃气在膨胀做功的过程中,所占的容积逐渐扩大,压力和温度不断下降,直到活塞到达下死点时,膨胀行程结束。

4)排气冲程:膨胀做功冲程结束后,由于惯性,曲轴继续旋转,使活塞由下死点向上运动。这时进气门仍旧关闭,而排气门打开,燃烧后的废气便通过排气门向外排出。当活塞到达上死点时,绝大部分的废气已被排出。然后排气门关闭,进气门打开,活塞又由上死点下行,开始了新的循环。

从进气冲程吸入新鲜混合气体起,到排气冲程排出废气止,汽油的热能通过燃烧转化为推动活塞运动的机械能,带动螺旋桨旋转而作功,这一总的过程叫做一个"循环",这是一种周而复始的运动。由于其中包含着热能到机械能的转化,所以又叫做"热循环"。

4.活塞式发动机的基本参数

活塞式发动机的主要要求是重量轻、功率大、尺寸小和耗油低等,因此活塞式发动机的主要性参数有以下几个:

1)发动机功率:发动机可用于驱动螺旋桨的功率称为有效功率。

2)功率质量比:发动机提供的功率和发动机质量之比。功率质量比越大,越有利于改善飞机的飞行性能。

燃料消耗率:燃料消耗率(耗油率)是衡量发动机经济性的一项指标,一般定义为以 1kW 功率工作 1 h 所消耗的燃料的质量。

5.应用

活塞发动机的发展在二战期间达到了顶峰,飞机喷气化以后用得越来越少。在 1 km 高度上,816 km/h 的飞行速度已是活塞式发动机的极限飞行速度。由于活塞式发动机功率小,质量大,外形阻力大,螺旋桨高速旋转时效率低,且桨尖易产生激波,因此战后随着涡轮喷气、涡轮螺桨和涡轮风扇发动机的发展,它逐渐退出了大中型飞机领域。尽管活塞式发动机有如上致命弱点,但对于低速飞机而言,它具有喷气式发动机无可比拟的优点,即效率高、耗油率低和价格低廉等。另外,由于燃烧较完全,对环境的污染相对较小,噪声也比喷气发动机小。因此,目前活塞式发动机在小型低速飞机,如小型公务机、农业飞机、支线和一些小型多用途运输机(森林灭火、搜索、救援和巡逻等)上仍被广泛采用。

4.2.2　燃气涡轮发动机

航空发动机是飞机的"心脏",直接影响着飞机的使用性能、可靠性、经济性、生存力。燃气涡轮发动机如图 4-9 所示。

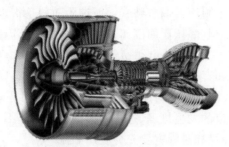

图 4-9　燃气涡轮发动机

1.燃气涡轮发动机的发展历程

我国在公元 12 世纪的南宋高宗年间就已有走马灯的记载,它是涡轮机(透平)的雏形。15世纪末,意大利人列奥纳多·达芬奇设计出烟气转动装置,其原理与走马灯相同;1791 年,英国人巴伯首次描述了燃气轮机的工作过程;1905 年,法国人勒梅尔和阿芒戈制成第一台能输出功的燃气轮机;1920 年,德国人霍尔茨瓦特制成第一台实用的燃气轮机;1939 年,在瑞士制成了 4MW 发电用燃气轮机,效率达 18%;1941 年瑞士制造的第一辆燃气轮机机车通过了试验;1947 年,英国制造的第一艘装备燃气轮机的舰艇下水,它以 1.86MW 的燃气轮机作加力动力;1950 年,英国制成第一辆燃气轮机汽车。此后,燃气轮机在更多的部门中获得应用。燃气涡轮发动机的主要类型有涡轮喷气发动机(涡喷)、涡轮风扇发动机(涡扇)、涡轮螺桨发动机(涡桨)、涡轮轴发动机(涡轴)。

2.燃气涡轮发动机的组成

燃气涡轮发动机的主要组成包括进气道、风扇、压气机、燃烧室、涡轮以及尾喷管(战斗机还需加力燃烧室),如图 4-10 所示。不同种类的燃气涡轮发动机在组成上略有不同,之后的章节中会详细论述。

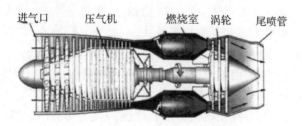

图 4-10　燃气涡轮发动机的主要组成

(1)进气道

空气首先进入进气道,因为飞机飞行的状态是变化的,进气道需要保证空气最后能顺利地进入下一结构:压气机(compressor,或压缩机)。进气道的主要作用就是将空气在进入压气机之前调整到发动机能正常运转的状态。在超声速飞行时,机头与进气道口都会产生激波

(shockwave,又称震波),空气经过激波压力会升高,因此进气道能起到一定的预压缩作用,但是激波位置不适当将造成局部压力的不均匀,甚至有可能损坏压气机。所以一般超声速飞机的进气道口都有一个激波调节锥,根据空速的情况调节激波的位置。

两侧进气或机腹进气的飞机由于进气道紧贴机身,会受到机身附面层(boundarylayer,或边界层)的影响,还会附带一个附面层调节装置。所谓附面层是指紧贴机身表面流动的一层空气,其流速远低于周围空气,但其静压比周围高,形成压力梯度。因为其能量低,不适于进入发动机而需要排除。当飞机有一定迎角(angleofattack,AOA,或称攻角)时由于压力梯度的变化,在压力梯度加大的部分(如背风面)将发生附面层分离的现象,即本来紧贴机身的附面层在某一点突然脱离,形成湍流。湍流是相对层流来说的,简单说就是运动不规则的流体,严格地说所有的流动都是湍流。湍流的发生机理、过程的模型化现在都不太清楚,但并不是说湍流不好,在发动机中很多地方如在燃烧过程就要充分利用湍流。

(2)压气机

压气机的功用是对气流做功,以提高气流的压力。

一般燃气轮机的压气机通常有轴流式和离心式两种,轴流式压缩机会有许多的叶片,形状类似螺旋桨叶片,但是分为静子(stator)与转子(rotor)两种。

转子就像螺旋桨一般地旋转,在旋转的过程中将对气流加功,增大气流总压和总温,这时气流的压力和温度就会提高。静子的功用是将因为转子的作用而产生旋转的气流导引回轴向,以正确的角度进入下一组转子,减小气流绝对速度。通常是一组转子和一组静子交互配置,而一组转子和静子就称为一级。

增压比是压气机的主要性能指标,指的是气流总压在加压后与加压前的比,通常增压比较高的燃气轮机,效率也较高,但是气流在压缩过程中温度会上升,考虑到涡轮所能承受的温度有一定的限度,压缩比太高反而不好。

(3)燃烧室

燃烧室由外壳(套)、火焰筒、喷(油)嘴、涡流器、点火装置等组成。

由压气机扩散出来的高压空气分成两股:一股(约占 1/4～2/5)进入火焰筒前部,与喷嘴喷出来的燃油混合形成油气混合气,经点火装置点火后燃烧。另一股(占 3/4～3/5)从火焰筒与外套间流过,对火焰筒壁面进行冷却,然后进入火焰筒与高温燃气掺混,使燃气温度降低,达到涡轮所要求的温度。通常要求燃烧室具有燃烧稳定、燃烧效率高、点火范围宽、流动阻力小以及结构简单、尺寸小、安全可靠和寿命长等特性。

燃烧室按气流在燃烧室中流动的方向分为三种:

1)直流式:气流在燃烧室中沿轴向流动。多数发动机采用这种燃烧室。

2)折流式:气流由压气机流出后,折成两路流入火焰筒。

3)回流式:压气机出口的空气由燃烧室的后端流入火焰筒头部。燃烧的燃气则向前形成回流。后两种形式气流流动损失大,但能缩短发动机的长度,一般用于采用离心式压气机的发动机中。

(4)涡轮

涡轮叶片与螺旋桨及飞机机翼相似,气流流过时产生作用力,对转子叶片做功而使其转动,而能将气流的能量转换成机械能输出,因此气流在通过涡轮后,温度与压力都会下降。

与压缩机不同的是,涡轮的目的是将气流的能量转换为机械能,因此叶片的形状与压缩机会稍有不同,重视的是气流通过时能产生的作用力,与飞机机翼希望升力大而阻力小的要求类似。涡轮叶片直接受到高温高压气流的冲击,为了提高燃烧温度以提升燃气轮机的效率,涡轮叶片必须使用耐高温、在高温下仍保有高强度及寿命的耐热材料制成。叶片结构上也常使用一些特殊设计,例如常见的做法是将叶片设计为中空,然后将冷空气或冷却液导入内部,在叶片内部流动时可以产生冷却效果,还有在表面设计许多小孔喷出冷空气,随着空气流动而覆盖整个叶片,阻隔以避免高温空气直接冲击叶片,以达到保护的效果。

(5)喷管

喷管(nozzle,或称喷嘴)的形状结构决定了最终排除的气流的状态,早期的低速发动机采用单纯收敛型喷管,以达到增速的目的。

根据牛顿第三定律,燃气喷出速度越大,飞机将获得越大的反作用力。但是这种方式增速是有限的,因为最终气流速度会达到声速,这时出现激波阻止气体速度的增加。而采用收敛－扩张喷管(也称为拉瓦尔喷管)能获得超声速的喷气流。飞机的机动性主要源于翼面提供的空气动力,而当机动性要求很高时可直接利用喷气流的推力。在喷管口加装燃气舵面或直接采用可偏转喷管(也称为推力矢量喷管,或向量推力喷嘴)是历史上两种方案,其中后者已经进入实际应用阶段。著名的俄罗斯 Su－30、Su－37 战机的高超机动性就得益于留里卡设计局的 AL－31 推力矢量发动机。燃气舵面的代表是美国的 X－31 技术验证机。

(6)加力燃烧室

加力燃烧室是提高发动机推重比的一个重要手段。在战斗机上除了有长外涵进行内外涵空气混合之外,一般都还装有加力装置来提高发动机的最大可用推力。

在经过涡轮后的高温燃气中仍然含有部分未来得及消耗的氧气,在这样的燃气中继续注入煤油仍然能够燃烧,产生额外的推力。所以某些高性能战机的发动机在涡轮后增加了一个加力燃烧室(afterburner,或后燃器),以达到在短时间里大幅度提高发动机推力的目的。一般而言加力燃烧能在短时间里将最大推力提高 50%,但是油耗惊人,一般仅用于起飞或应付激烈的空中缠斗,不可能用于长时间的超声速巡航。

3.燃气涡轮发动机的原理

不同种类的燃气涡轮发动机在原理上有差异,在之后的章节中,会就各类型发动机的组成、原理、参数和应用作详细讨论。

4.燃气涡轮发动机的基本参数

(1)推力重量比

推力重量比代表发动机推力与发动机本身重量之比值,愈大者性能愈好。

(2)压气机级数

压气机级数代表压缩机的压缩叶片有几级,通常级数愈大者压缩比愈大。

(3)涡轮级数

涡轮级数代表涡轮机的涡轮叶片有几级。

(4)压缩比

压缩比进气被压缩机压缩后的压力与压缩前的压力之比值,通常愈大者性能愈好。

(5)海平面最大净推力

海平面最大净推力发动机在海平面高度及条件,与外界空气的速度差(空速)为零时,全速运转所产生的推力,被使用的单位包括 kN、lb(磅)等。

（6）单位推力小时耗油率

单位推力小时耗油率又称比推力（specific thrust），耗油率与推力之比，公制单位为 kg/N-h，愈小者愈省油。

（7）涡轮前温度

涡轮前温度是指燃烧后的高温高压气流进入涡轮机之前的温度，通常愈大者性能愈好。

（8）燃气出口温度

燃气出口温度是指废气离开涡轮机排出时的温度。

（9）平均故障时间

平均故障时间是指每具发动机发生两次故障的间隔时间之总平均，愈长者愈不易故障，通常维护成本也愈低

5. 燃气涡轮发动机的应用

自从 20 世纪 40 年代初诞生以来，燃气涡轮发动机，特别是后来出现的涡扇发动机就一直是航空飞行器的主要动力装置，并取得了飞速的发展。处于飞机技术最前沿的战斗机的速度已由亚声速提高到超声速，又由超声速发展到超声速巡航，同时机动性和敏捷性也显著提高。为了满足战斗机的超声速巡航能力、良好生存性/隐身性、高机动性与敏捷性和低全寿命期费用等要求，战斗机发动机主要追求高性能（高推重比等）、高可靠性、低信号特征、低油耗等。而民用航空发动机主要追求高可靠性、低油耗、低排放、低噪声等。军用运输机和轰炸机的动力发展需求与民用航空发动机的相近，但同时考虑低可探测性等具有军事用途特征的需求。

4.2.3 无人机常用的四类燃气涡轮发动机

不同类型的燃气涡轮发动机的构成和工作原理略有差异，将详细介绍四类燃气涡轮发动机的发展、组成、工作原理、参数以及应用。

1. 涡轮喷气发动机

涡轮喷气发动机是一种涡轮发动机，特点是完全依赖燃气流产生推力。通常用作高速飞机的动力，但油耗比涡轮风扇发动机高。

涡轮冲压喷气发动机将涡轮喷气发动机（它常用于马赫数低于 3 的各种速度）与冲压喷气发动机结合起来，在高马赫数时具有良好的性能。这种发动机的周围是一涵道，前部具有可调进气道，后部是带可调喷口的加力喷管，如图 4-11 所示。起飞和加速、以及马赫数 3 以下的飞行状态下，发动机用常规的涡轮喷气式发动机的工作方式；当飞机加速到马赫数 3 以上时，其涡轮喷气机构被关闭，气道空气借助于导向叶片绕过压气机，直接流入加力喷管，此时该加力喷管成为冲压喷气发动机的燃烧室。这种发动机适合要求高速飞行并且维持高马赫数巡航状态的飞机，在这些状态下，该发动机是以冲压喷气发动机方式工作的。

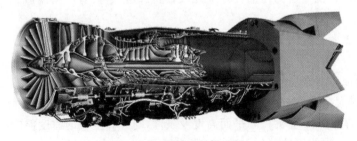

图 4-11　涡轮喷气发动机

(1) 发展

早在 1913 年，法国工程师雷·恩洛兰就获得了一项喷气发动机的专利。这是一种冲压式喷气发动机，在当时的低速下根本无法工作，而且也缺乏所需的高温耐热材料。1930 年，弗兰克·惠特尔取得了他使用燃气涡轮发动机的第一个专利，但直到 11 年后，他的发动机才完成其首次飞行，惠特尔的这种发动机奠定了现代涡轮喷气发动机的基础。

(2) 组成

现代涡轮喷气发动机的结构由进气道、压气机、燃烧室、涡轮和尾喷管组成，战斗机的涡轮和尾喷管间还有加力燃烧室如图 4-12 所示。（各部分的作用及工作过程在 4.2.2 节中已详细解释，此处不再重复）。

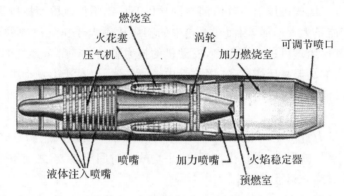

图 4-12　涡轮喷气发动机的组成

(3) 工作原理

喷气推进的原理，根据牛顿第三定律，作用在物体上的力都有大小相等方向相反的反作用力。喷气发动机在工作时，从前端吸入大量的空气，燃烧后高速喷出，在此过程中，发动机向气体施加力，使之向后加速，气体也给发动机一个反作用力，推动飞机前进如图 4-13 所示。事实上，这一原理很早就被应用于实践中，我们玩过的爆竹，就是依靠尾部喷出火药气体的反作用力飞上天空的。

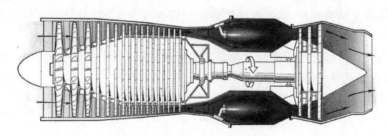

图 4-13　涡轮喷气发动机原理

涡轮喷气发动机仍属于热机的一种，就必须遵循热机的做功原则：在高压下输入能量，低压下释放能量。因此，从产生输出能量的原理上讲，喷气式发动机和活塞式发动机是相同的，都需要有进气、加压、燃烧和排气这四个阶段，不同的是，在活塞式发动机中这 4 个阶段是分时依次进行的，但在喷气发动机中则是连续进行的，气体依次流经喷气发动机的各个部分，就对应着活塞式发动机的四个工作位置。

空气首先进入的是发动机的进气道,当飞机飞行时,可以看作气流以飞行速度流向发动机,由于飞机飞行的速度是变化的,而压气机适应的来流速度是有一定的范围的,因而进气道的功能就是通过可调管道,将来流调整为合适的速度。在超声速飞行时,在进气道前和进气道内气流速度减至亚声速,此时气流的滞止可使压力升高十几倍甚至几十倍,大大超过压气机中的压力提高倍数,因而产生了单靠速度冲压,不需压气机的冲压喷气发动机。

进气道后的压气机是专门用来提高气流的压力的,空气流过压气机时,压气机工作叶片对气流做功,使气流的压力,温度升高。在亚声速时,压气机是气流增压的主要部件。

从燃烧室流出的高温高压燃气,流过同压气机装在同一条轴上的涡轮。燃气的部分内能在涡轮中膨胀转化为机械能,带动压气机旋转,在涡轮喷气发动机中,平衡状态下气流在涡轮中膨胀所做的功等于压气机压缩空气所消耗的功以及传动附件克服摩擦所需的功。经过燃烧后,涡轮前的燃气能量大大增加,因而在涡轮中的膨胀比远大于压气机中的压缩比,涡轮出口处的压力和温度都比压气机进口高很多,发动机的推力就是这一部分燃气的能量提供的。

从涡轮中流出的高温高压燃气,在尾喷管中继续膨胀,以高速沿发动机轴向从喷口向后排出。这一速度比气流进入发动机的速度大得多,使发动机获得了反作用的推力。

(4)基本参数

基本参数有:推力重量比(Thrust to weight ratio)、压气机级数、涡轮级数、压缩比、单位推力小时耗油率、涡轮前温度、燃气出口温度、平均故障时间等参数,之前章节已说明的参数不再详细解释,此处详细介绍推进效率。

推进效率:在马赫数 $Ma < 0.6$ 的速度下涡轮螺旋桨发动机效率最高。而当速度提高到马赫数 $0.6 \sim 0.9$ 时,螺旋桨/涡轮组合的优越性在一定程度上被内外涵发动机、涵道风扇发动机和桨扇发动机所取代。这些发动机的排气比纯喷气的涡轮喷气发动机的排气流量大而喷气速度低,因而,其推进效率与涡轮螺旋桨发动机相当,超过了纯喷气发动机的推进效率。

(5)应用

涡喷发动机适合航行的范围很广,从低空低亚声速到高空超声速飞机都广泛应用。苏联的传奇战斗机米格-25高空超声速战机即采用留里卡设计局的涡喷发动机作为动力,曾经创下 3.3 马赫的战斗机速度纪录与 37 250 m 的升限纪录。

与涡轮风扇发动机相比,涡喷发动机燃油经济性要差一些,但是高速性能要优于涡扇,特别是高空高速性能。

同时喷气发动机尽管在低速时油耗要大于活塞式发动机,但其优异的高速性能使其迅速取代了后者,成为航空发动机的主流。

2.涡轮风扇发动机

(1)发展

涡轮风扇发动机简称涡扇发动机(Turbofan)是飞机发动机的一种,由涡轮喷气发动机(Turbojet)发展而成。

(2)组成

涡轮风扇发动机由风扇、低压压气机(高涵比涡扇特有)、高压压气机、燃烧室、驱动压气机的高压涡轮、驱动风扇的低压涡轮和排气系统组成如图 4-14 所示。

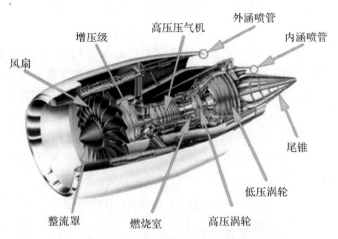

图 4 - 14　涡轮风扇发动机组成

涡扇发动机的外涵推力完全来自于风扇所产生的推力,风扇的好坏直接影响到发动机的性能,这一点在高涵道比的涡扇发动机上同样重要。涡扇发动机的风扇发展也经历了几个过程。在涡扇发动机之初,由于受内涵核心机功率和风扇材料的机械强度的限制,涡扇发动机的涵道比不可能做得很大,比如在涡扇发动机的三鼻祖中,其涵道比最大的 CJ805－23 也不过只有 1.5 而已,而且 CJ805－23 所采用的风扇还是后独一无二的后风扇。

涡扇发动机的结构,实际上就是涡轮喷气发动机的后方再增加了 1～2 级低压(低速)涡轮,这些涡轮带动一定数量的风扇,消耗掉一部分涡喷发动机(核心机)的燃气排气动能,从而进一步降低燃气排出速度。风扇吸入的气流一部分如普通喷气发动机一样,送进压气机(术语称"内涵道"),另一部分则直接从涡喷发动机壳外围向外排出("外涵道")。因此,涡扇发动机的燃气能量被分派到了风扇和燃烧室分别产生的两种排气气流上。这时,为提高热效率而提高涡轮前温度,可以通过适当的涡轮结构和增大风扇直径,使更多的燃气能量经低压涡轮驱动风扇传递到外涵道气流,从而避免大幅增加排气速度。这样,热效率和推进效率取得了平衡,发动机的效率得到极大提高。效率高就意味着油耗低,飞机航程变得更远。但是大风扇直径增加了发动机的迎风面积,所以涵道比大于 0.3 的涡扇发动机不适合超声速巡航飞行。虽然涡扇发动机降低了排气速度,但并未降低推力,因为降低排气速度的同时增加了(外涵)排气流量。从涵道比的角度看,涡扇发动机是涡喷发动机和涡桨发动机的折中。

当前涡扇发动机所采用的总体结构有三种,单转子、双转子以及三转子。其中单转子的结构最为简单,整个发动机只有一根轴,风扇、压气机、涡轮全都在这一根轴上。为了提高压气机的工作效率和减少发动机在工作中的喘振,人们想到了用双转子来解决问题,即让发动机的低压压气机和高压压气机工作在不同的转速之下。这样低压压气机与低压涡轮联动形成了低压转子,高压压气机与高压涡轮联动形成了高压转子。低压转子的转速可以相对低一些。

所谓三转子就是在二转子发动机上又了多了一级风扇转子。这样风扇、高压压气机和低压压气机都自成一个转子,各自都有各自的转速。三个转子之间没有相对固定的机械连接。如此一来,风扇和低压转子就不用相互的将就行事,而是可以各自在最为合适的转速上运转。

（3）工作原理

涵道比,也称旁通比(Bypass ratio)是不经过燃烧室的空气质量与通过燃烧室的空气质量的比值。旁通比为零的涡扇发动机即是涡轮喷气发动机。涵道比高的涡轮扇发动机耗油较少，但推力却与涡轮喷气发动机相当，且运转时噪声小得多。

高压压气机、燃烧室和高压涡轮三部分统称为核心机，由核心机排出的燃气中的可用能量，一部分传给低压涡轮用以驱动风扇，余下的部分在喷管中用于加速排出的燃气。

风扇转子实际上是一级或几级叶片较长的压气机，空气流过风扇后，分成两路：一路是内涵气流，空气继续经压气机压缩，在燃烧室和燃油混合燃烧，燃气经涡轮和喷管膨胀，燃气以高速从尾喷口排出，产生推力，流经路程为经低压压气机、高压压气机、燃烧室、高压涡轮、低压涡轮，燃气从喷管排出；另一路是外涵气流，风扇后空气经外涵道直接排入大气或同内涵燃气一起在喷管排出，如图 4 - 15 所示。

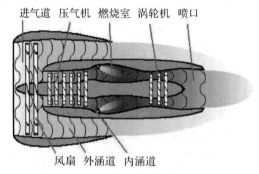

进气道　压气机　燃烧室　涡轮机　喷口

风扇　外涵道　内涵道

图 4 - 15　涡轮风扇发动机工作原理

涡轮风扇发动机组合了涡轮喷气和涡轮螺桨发动机的优点，涡扇发动机转换大部分的燃气能量成驱动风扇和压气机的扭矩，其余的转换成推力。涡扇发动机的总推力是核心发动机和风扇产生的推力之和。这种有内外两个涵道的涡轮风扇发动机又称为内外涵发动机。也就是说，涡扇发动机可以分开排气或混合排气，可以是短外涵的或长外涵（全涵道）的。风扇可作为低压压气机的第 1 级由低压涡轮驱动，也可以由单独的涡轮驱动。

涡扇发动机的推力由两部分组成：内涵产生的推力和外涵产生的推力。对于高涵道比涡扇发动机，风扇产生的推力占 78% 以上。流经外涵和内涵的空气流量之比称为涵道比或流量比。涵道比对涡轮风扇发动机性能影响较大，涵道比大，耗油率低，但发动机的迎风面积大；涵道比较小时，迎风面积小，但耗油率大。内外涵两股气流分开排入大气的称为分排式涡轮风扇发动机。内外涵两股气流在内涵涡轮后的混合器中相互渗混后通过同一喷管排入大气的，称为混排式涡轮风扇发动机。涡轮风扇发动机也可安装加力燃烧室，成为加力涡轮风扇发动机。在分排式涡轮风扇发动机上的加力燃烧室可以分别安装在内涵涡轮后或外涵通道内，在混排式涡轮风扇发动机上则可装在混合器后面。

（4）基本参数

推力重量比（Thrust to weight ratio）、压气机级数、涡轮级数、压缩比、单位推力小时耗油率、涡轮前温度、燃气出口温度、平均故障时间等参数（之前章节已说明的参数不再详细解释）。

涵道比：外涵与内涵空气流量之比称为涵道比，又称流量比，它是影响涡轮风扇发动机性能好坏的一个重要循环参数。涵道比小于 2～3 的称为低涵道比涡轮风扇发动机，高于 4～5 的称为高（大）涵道比涡轮风扇发动机。

（5）应用

与涡喷发动机比较，涡扇发动机主要特点是首级压缩机的面积大很多，同时被用作空气螺旋桨（扇），将部分吸入的空气通过外涵道向后推。涡扇发动机最适合飞行速度 400～1 000 km/h时使用，因此现在大多数飞机均使用涡扇发动机。

3. 涡轮螺桨发动机

涡轮螺桨发动机是一种常用于飞机上的燃气涡轮发动机（gas turbine engine）。涡桨发动机的驱动原理大致上与使用活塞发动机作为动力来源的传统螺旋桨飞机雷同，是以螺旋桨旋转时所产生的力量来作为飞机前进的推进力。其与活塞式螺旋桨机主要的差异点除了驱动螺旋桨中心轴的动力来源不同外，还有就是涡桨发动机的螺旋桨通常是以恒定的速率运转，而活塞动力的螺旋桨则会依照发动机的转速不同而有转速高低的变化，如图 4 - 16 所示。

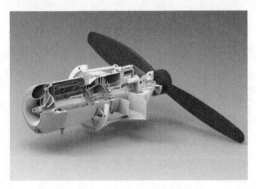

图 4 - 16　涡轮螺旋桨发动机

（1）发展

航空活塞式发动机和螺旋桨组成的动力装置，虽然在低速飞行时耗油率低、经济性好，但由于活塞式发动机产生的功率小，且随飞行高度的增加而很快降低，因此只能用于低空、小型飞机上；另一方面，活塞式发动机的高速性能不好，由于在高速飞行时飞机所需的功率大大增加（所需的功率与飞行速度的三次方成正比），活塞式发动机无法提供；且螺旋桨效率大大降低，无法有效地将发动机输出功率转变为推进飞机的拉力，所以其使用速度一般不超过 700～800 km/h。

为了克服涡轮喷气发动机和活塞式发动机的缺点，涡轮螺旋桨发动机在 20 世纪 40 年代后期至 50 年代初期得到了迅速发展。

（2）组成

这种发动机的构造基本上和涡轮喷气发动机一样，如图 4 - 17 所示，它也有进气道、压气机、燃烧室、涡轮和尾喷管。这些部件的工作也和涡轮喷气发动机的相似。

当启动之后，涡轮开始工作，带动了前面的压气机旋转，从进气道吸入大量空气。被压缩的空气从压气机进入燃烧室，在这里和喷出的燃油混合点火燃烧，产生燃气并发出大量的热。热气再进入涡轮，吹动它高速旋转。经过涡轮的燃气最后再通过尾喷管，从喷口喷出。

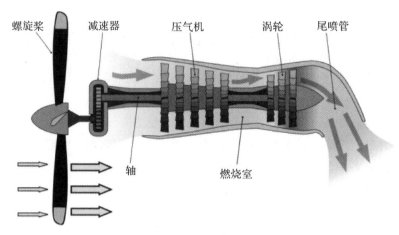

图 4-17　涡轮螺旋桨发动机组成

但是涡轮螺旋桨发动机不仅要带动压气机和各种附件,而且要带动前面的螺旋桨。由于螺旋桨的转速比涡轮低得多,一般在 1 000 r/min 左右,所以发动机上必须安装一套减速齿轮。依靠它,可使螺旋桨的转速大大降低。所以这种发动机实际上是在涡轮喷气发动机的基础上,多加了两个部件——一副螺旋桨和一套减速齿轮。

(3)工作原理

涡轮螺旋桨发动机以螺旋桨产生的拉力(推力)为主,喷气所产生的推力很小,只占螺旋桨的九分之一左右。

在燃气发生器后,加装一套涡轮(1级或多级),燃气在这后一涡轮(一般称为动力涡轮或低压涡轮)中膨胀,驱动它高速旋转并发出一定功率,动力涡轮的前轴(称动力轴)穿过核心机转子,通过压气机前的减速器驱动螺旋桨,就组成了涡轮螺旋桨发动机。

涡轮螺旋桨发动机的主要特点,是将燃气发生器产生的大部分可用能量由动力涡轮吸收并从动力轴上输出,用于带动飞机的螺旋桨旋转;螺旋桨旋转时把空气排向后面,由此产生向前的拉力使飞机向前飞行。

(4)基本参数

推力重量比(Thrust to weight ratio)、压气机级数、涡轮级数、压缩比、单位推力小时耗油率、涡轮前温度、燃气出口温度、平均故障时间等参数(之前章节已说明的参数不再详细解释)。

(5)应用

涡轮螺旋桨发动机不但在海平面和飞机起飞条件下可以很好地工作,在大约10 000 m的高度,它的工作性能依然很好,由于螺旋桨效率降低的限制,它不能用于高速飞行,但是在中低速下,使用涡轮螺旋桨发动机是适当的。目前在中速远程运输机、旅客机、海上巡逻机、反潜机等中常常装用这种发动机,甚至某些远程轰炸机也在使用涡轮螺桨发动机。

4.涡轮轴发动机

在工作和构造上,涡轮轴发动机同涡轮螺桨发动机根相近。它们都是由涡轮风扇发动机的原理演变而来,只不过后者将风扇变成了螺旋桨,而前者将风扇变成了直升机的旋翼。除此之外,涡轮轴发动机也有自己的特点:它一般装有自由涡轮(即不带动压气机,专为输出功率用的涡轮),而且主要用在直升机和垂直/短距起落飞机上,如图 4-18 所示。

（1）发展

在带有压气机的涡轮发动机这一类型中，涡轮轴发动机出现得较晚，但已在直升机和垂直/短距起落飞机上得到了广泛的应用。

涡轮轴发动机于 1951 年 12 月开始装在直升机上，进行第一次飞行。那时它属于涡轮螺桨发动机，并没有自成体系。之后随着直升机在军事和国民经济上使用越来越普遍，涡轮轴发动机才获得独立的地位。

图 4-18　涡轮轴发动机

（2）组成

在构造上，涡轮轴发动机也有进气道、压气机、燃烧室和尾喷管等燃气发生器基本构造，但它一般都装有自由涡轮。如图 4-19 所示，前面的是两级普通涡轮，它带动压气机，维持发动机工作，后面的二级是自由涡轮，燃气在其中做功，通过传动轴专门用来带动直升机的旋翼旋转，使它升空飞行。此外，从涡轮流出来的燃气，经过尾喷管喷出，可产生一定的推力，由于喷速不大，这种推力很小，如折合为功率，大约仅占总功率的十分之一左右。有时喷速过小，甚至不产生什么推力。为了合理地安排直升机的结构，涡轮轴发动机的喷口，可以向上，向下或向两侧，不像涡轮喷气发动机那样非向后不可，这有利于直升机设计时的总体安排。

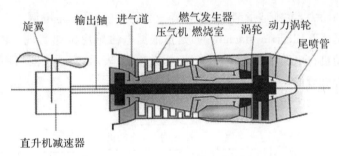

图 4-19　涡轮轴发动机的组成

（3）工作原理

涡轮轴发动机是用于直升机的，它与旋翼配合，构成了直升机的动力装置。按照涡轮风扇发动机的原理，从理论上讲，旋翼的直径愈大愈好。同样的核心发动机，产生同样的循环功率，所配合的旋翼直径愈大，则在旋翼上所产生的升力愈大。事实上，由于在能量转换过程中有损失，旋翼也不可能制成无限大，所以旋翼的直径是有限制的。

同涡轮轴发动机和直升机常用的另一种动力装置——活塞发动机相比，涡轮轴发动机的功率重量比要大得多。而且就发动机所产生的功率来说，涡轮轴发动机也大得多。

（4）基本参数

推力重量比（Thrust to weight ratio）、压气机级数、涡轮级数、压缩比、单位推力小时耗油率、涡轮前温度、燃气出口温度、平均故障时间等参数（之前章节已说明的参数不再详细解释）。

1）发动机功率：作为涡轮轴发动机，通常是把体内减速器视为它的一个部件，所以发动机功率是指经体内减速器输出的功率。对于有些大型的涡轮轴发动机，发动机作为一个部件，其中并不包括体内减速器。所指的功率就是涡轮轴的输出功率。作为性能指标，一般指的是最大起飞功率。与涡轮喷气发动机的推力大小一样，功率大小也不能体现发动机的好坏。

2）功率重量比：大型的涡轮轴发动机，如功率为 7 000 kW，这一指标可达 7 kW/kg 以上，而小型的涡轮轴发动机,如功率为200 kW的,仅为3 kW/kg左右。但必须指出,前者是没有机内减速器的,后者是包括机内减速器的。一般大型和小型涡轮轴发动机不应当在一起比较,用以评价它们的好坏。

3)发动机剩余推力:一般情况下,排气速度很低,可忽略这部分推力的作用,排气方向也不一定与飞机前进方向相反。为了结构上的方便,可任意安排排气方向。当然,在巡航状态下,飞机有前进的速度,推力要小得多。为了使这部分推力起作用,在总体安排时应采用前输出轴,使排气的方向与前进方向相反。

(5)应用

涡轮轴发动机主要用在直升机和垂直/短距起落飞机上。

4.3 电 动 系 统

旋翼无人机的电池动力系统由电机、电调、螺旋桨和电池四部分组成。

4.3.1 电机

电动无人机的动力,主要是指两个元件:第一就是电机,第二是电调。

电机,俗称"马达"(Electric machinery)是指依据电磁感应定律实现电能转换或传递的一种电磁装置。电动机在电路中是用字母M(旧标准用D)表示,它的主要作用是产生驱动转矩,作为用电器或各种机械的动力源。

电机分类如图4-21所示。

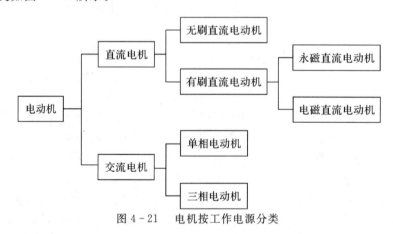

图4-21 电机按工作电源分类

1.直流电机

直流电机(direct current machine)是指能将直流电能转换成机械能(直流电动机)或将机械能转换成直流电能(直流发电机)的旋转电机。它是能实现直流电能和机械能互相转换的电机。当它作电动机运行时是直流电动机,将电能转换为机械能;作发电机运行时是直流发电机,将机械能转换为电能。直流电机的结构如图4-22所示。

(1)组成

直流电机主要包括磁场、励磁绕组、电枢绕组、换向器以及电枢几部分,现在具体介绍各组成部分。

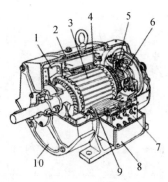

图 4 - 22　直流电机的结构

1—换向器；2—电刷装置；3—机座；4—主磁极；5—换向极；

6—端盖；7—风扇；8—电枢绕组；9—电枢铁芯

1)磁场：图 4 - 23 中 N 和 S 是一对静止的磁极，用以产生磁场，其磁感应强度沿圆周为正弦分布。

2)励磁绕组：用来形成 N 极和 S 极的绕组称为励磁绕组，励磁绕组中的电流称为励磁电流。

3)电枢绕组：在 N 极和 S 极之间，有一个能绕轴旋转的圆柱形铁芯，其上紧绕着一个线圈称为电枢绕组，电枢绕组中的电流称为电枢电流。

4)换向器：电枢绕组两端分别接在两个相互绝缘而和绕组同轴旋转的换向片上，组成一个换向器。

5)电枢：铁芯、电枢绕组和换向器所组成的旋转部分称为电枢。

(2)工作原理

直流电动机工作原理如图 4 - 23 所示。

电磁转矩的产生：直流电动机工作时接于直流电源上，如图 4 - 23(a)电刷 A 接电源正极，电刷 B 接电源负极，则电流从 A 刷流入，经线圈 abcd，由 B 刷流出。根据电磁感应定律，载流导体在磁场中要受到力的作用，其方向可由左手定则判定，因此，导体 ab 所受电磁力方向向左，导体 cd 所受电磁力方向向右，这样就在线圈 abcd 上产生一个转矩，称为电磁转矩，其方向为逆时针方向，使整个电枢逆时针方向旋转。

当线圈转过 180°之后，如图 4 - 23(b)所示，导体 cd 中电流由 d 流向 c，导体 ab 中电流由 b 流向 a，用左手定则判定，电磁转矩仍为逆时针方向，这样电动机就可沿一个方向连续旋转。

由此可见，加于直流电动机的直流电源，借助于换向器和电刷的作用，使直流电动机电枢线圈中流过的电流方向是交变的，从而使电枢产生的电磁转矩的方向恒定不变，确保直流电动机向确定的方向连续旋转。这就是直流电动机的基本工作原理。

实际的直流电动机，电枢圆周上均匀地嵌放许多线圈，相应地换向器由许多换向片组成，使电枢线圈所产生的总的电磁转矩足够大并且比较均匀，电动机的转速也就比较均匀。配套直流电机调速器后直流无刷电机才能够正常的工作。

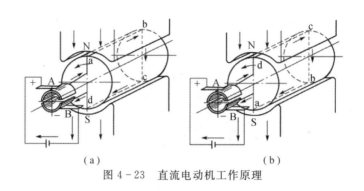

图 4-23　直流电动机工作原理

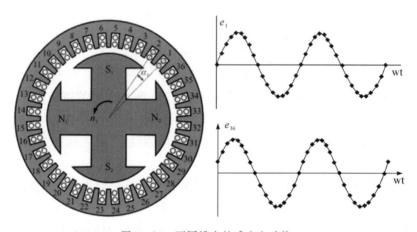

图 4-24　不同槽中的感应电动势

（3）参数

1）标称功率（额定功率）：是指电动机在额定运行（额定电压，额定频率，额定负载）条件下，转轴上输出的机械功率。

2）额定电流：额定电压下轴上输出额定功率时的电流（并励包括励磁和电枢电流）。

3）额定电压（工作电压、推荐电压）：电动机在额定运行状态下，电动机定子绕组上应加的线电压值。

4）额定转速：是指在额定功率下电机的转速。也即满载时的电机转速，故又叫做满载转速。用符号 n 表示，单位为 r/min。

5）空转速（空载转速）：单位是 r/min 即每分钟转多少圈。

6）堵转转矩：这个是很多要带负载的电动机的重要参数。即在电动机受反向外力使其停止转动时的力矩。如果电动机堵转现象经常出现则会损坏电动机或烧坏驱动芯片。

7）功率因数：电动机在额定电压和额定功率下运行时，其有功功率和视在功率之比。

8）效率：电动机的输出功率和输入功率之比。

9）温升：铁芯及绕组高于环境温度的允许值。

（4）应用

由于直流电动机具有良好的启动和调速性能，常应用于对启动和调速有较高要求的场合，如大型可逆式轧钢机、矿井卷扬机、宾馆高速电梯、龙门刨床、电力机车、内燃机车、城市电车、地铁列车、电动自行车、船舶机械等。

2. 无刷电机

电机主要有两种，有刷电机和无刷电机。二者相似之处在于他们都有转子和定子，但是他们的结构正好相反。有刷电机的转子是线圈绕组，与动力输出轴相连，定子是永磁磁钢；无刷电机的转子是永磁磁钢，连同外壳一起和输出轴相连，定子是绕阻线圈，去掉了有刷电机用来交替变换电磁场的换向电刷，故称之为无刷电机，如图4-25所示。有刷电机在无人机领域已经不再使用。

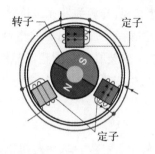

图4-25　无刷电机

(1)组成

无刷电机因其结构的不同分为内转子无刷电机和外转子无刷电机。通常来说，一只内转子无刷电机的转速比一只相同功率的外转子无刷电机的转速要高，但扭力却比外转子无刷电机小。外转子无刷电机多用于固定翼无人机，以获得更大的直驱桨的能力；而内转子无刷电机多用于无人直升机和无人舰船，以得到较高的转速，而且内转子无刷电机的水冷性能较好，用于无人机舰船较为适合。

内转子无刷电机与外转子无刷电机的定义如下：

1)内转子无刷电机：指电机轴心会转，线圈在电机壳，磁铁在轴心。

2)外转子无刷电机：指电机外壳会转，线圈在轴心，磁铁在外壳上。

内转子无刷电机和外转子无刷电机的优点如下：

1)内转子无刷电机的优点：一般来说，因为它的直径较小，较利于高转速扭力的发挥。

2)外转子无刷电机的优点：它的散热较好，直径较大，较利于低转速扭力的发挥。

无刷电机一般采用直径和长度同时标称，如2030级，是指电机的直径为20 mm，长度为30 mm(标称时直径在前，长度在后)。

(2)原理

无刷直流电动机是采用半导体开关器件来实现电子换向的，即用电子开关器件代替传统的接触式换向器和电刷。它具有可靠性高、无换向火花、机械噪声低等优点，广泛应用于高档录音座、录像机、电子仪器及自动化办公设备中。

无刷直流电动机由永磁体转子、多极绕组定子、位置传感器等组成。位置传感按转子位置的变化，沿着一定次序对定子绕组的电流进行换流(即检测转子磁极相对定子绕组的位置，并在确定的位置处产生位置传感信号,经信号转换电路处理后去控制功率开关电路,按一定的逻辑关系进行绕组电流切换)。定子绕组的工作电压由位置传感器输出控制的电子开关电路提供。

位置传感器有磁敏式、光电式和电磁式三种类型。

采用磁敏式位置传感器的无刷直流电动机,其磁敏传感器件(例如霍尔元件、磁敏二极管、磁敏三极管、磁敏电阻器或专用集成电路等)装在定子组件上,用来检测永磁体、转子旋转时产生的磁场变化。

采用光电式位置传感器的无刷直流电动机,在定子组件上按一定位置配置了光电传感器件,转子上装有遮光板,光源为发光二极管或小灯泡。转子旋转时,由于遮光板的作用,定子上的光敏元器件将会按一定频率间歇间生脉冲信号。采用电磁式位置传感器的无刷直流电动机,是在定子组件上安装有电磁传感器部件(例如耦合变压器、接近开关、LC 谐振电路等),当永磁体转子位置发生变化时,电磁效应将使电磁传感器产生高频调制信号(其幅值随转子位置而变化)。

（3）参数

常用参数有转速、额定功率、额定扭矩、KV 值、T 数、尺寸。

无刷电机的 KV 值定义为转速 v,即输入电压每增加 1V,无刷电机空转转速增加的转速值。这个值并不是越高越好,要考虑电机的其他参数以及与螺旋桨的搭配关系。NL2845 KV3200 内转子无刷电机如图 4 – 26 所示。

图 4 – 26　NL2845 KV3200 内转子无刷电机

T 数:电机内漆包线绕制的圈数,圈数越多则电机内阻越大,电流越小,越省电,相应的效率相对较高一点;同样体积下,T 数越小,绕制的匝数越小,则线圈导电的截面积就越大。

尺寸:电机如 2212 电机、2018 电机中四个数字的含义为前两位是电机转子的直径,后两位是电子转子的高度。简单来说,前面两位越大,电机越宽大,后面两位越大,电机越高。又高又大的电机,功率就更大,适合大四轴。

（4）应用

无刷电机在我国应用得较晚,但是随着技术的日益成熟与完善依然得到了迅猛发展。已在航模、医疗器械、家用电器、电动车等多个领域广泛应用,并在深圳、长沙、上海等地形成初具规模产业链。如深圳伟业电机、长沙科达等一批专业厂商,在技术上不断推进行业发展。近几年来,无刷电机成为在模型领域快速发展的一种动力。由于产量和价格的原因,过去几年无刷电机多使用在中高档航空模型中,现在由于机械加工技术的快速发展,无刷电机的生产成本下降许多,目前它正进入模型领域的各个层面,从电动遥控车到电动遥控船再到电动模型飞机,无处不在。

3.无人机常用的直流无刷电机

无人机常用的直流无刷电机(BLDC)如图 4-27 所示。

无刷直流电机因为具有直流有刷电机的特性,同时也是频率变化的装置,所以又名直流变频,国际通用名词为 BLDC。无刷直流电机的运转效率、低速转矩、转速精度等都比其他控制技术的变频器好,所以值得业界关注。

直流无刷电机是同步电机的一种,也就是说电机转子的转速受电机定子旋转磁场的速度及转子极数 P 影响。在转子极数固定情况下,改变定子旋转磁场的频率就可以改变转子的转速。直流无刷电机即是将同步电机加上电子式控制(驱动器),控制定子旋转磁场的频率并将电机转子的转速回授至控制中心反复校正,以期达到接近直流电机特性的方式。也就是说直流无刷电机能够在额定负载范围内当负载变化时仍可以控制电机转子维持一定的转速。

图 4-27　无人机常用的直流无刷电机(BLDC)

(1)发展

无刷直流电机由电动机主体和驱动器组成,是一种典型的机电一体化产品。无刷电机是指无电刷和换向器(或集电环)的电机,又称无换向器电机。早在 19 世纪诞生电机的时候,产生的实用性电机就是无刷形式,即交流鼠笼式异步电动机,这种电动机得到了广泛的应用。但是,异步电动机有许多无法克服的缺陷,以致电机技术发展缓慢。20 世纪中叶诞生了晶体管,因而采用晶体管换向电路代替电刷与换向器的直流无刷电机就应运而生了。这种新型无刷电机称为电子换向式直流电机,它克服了第一代无刷电机的缺陷。

(2)BLDC 结构和基本工作原理

BLDC 属于同步电机的一种,也就是说电机转子的转速受电机定子旋转磁场的频率及转子极数 P 影响:

$$N = 120f / P$$

在转子极数固定的情况下,改变定子旋转磁场的频率就可以改变转子的转速。

1)定子:BLDC 定子是由许多硅钢片经过叠压和轴向冲压而成,每个冲槽内都有一定的线圈组成了绕组,如图 4-29 所示。

从传统意义上讲,BLDC 的定子和感应电机的定子有点相似,不过在定子绕组的分布上有一定的差别。大多数的 BLDC 定子有 3 个呈星形排列的绕组,每个绕组又由许多内部结合的钢片按照一定的方式组成,偶数个绕组分布在定子的周围组成了偶数个磁极。

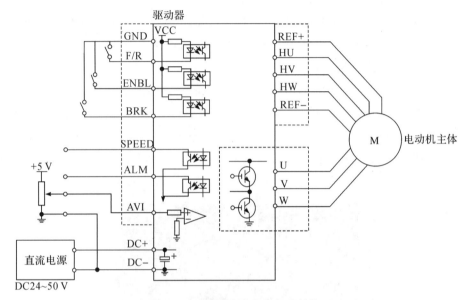

图 4-28 无刷直流电机组成结构

图 4-29 BLDC 内部结构

BLDC 的定子绕组可以分为梯形和正弦两种绕组,他们的根本区别在于由于绕组的不同连接方式使它们产生反电动势不同,分别呈现梯形和正弦波形,故用此命名。梯形和正弦绕组产生的反电动势的波形图如图 4-30 所示。

另外还需要对反电动势的一点说明就是:绕组不同,其相电流也是呈现梯形和正弦波形,可想而知正弦绕组由于波形平滑所以运行起来相对梯形绕组来说更平稳一些。但是,正弦型绕组由于有更多绕组使得其在铜线的使用上就相对梯形绕组多。

平时由于应用电压的不同,可以根据需要选择不同电压范围的无刷电机。48V 及其以下应用电压的电机可以用在汽车、机器人、小型机械臂等方面。100V 及其以上电压范围的电机可以用在专用器具、自动控制以及工业生产领域。

2)转子:定子是 2～8 对永磁体按照 N 极和 S 极交替排列在转子周围构成的(内转子型),如图 4 - 31 所示,如果是外转子型 BLDC,那么就是贴在转子内壁了。

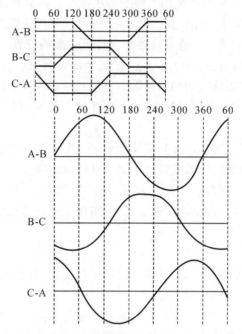

图 4 - 30　梯形和正弦绕组产生的反电动势的波形图

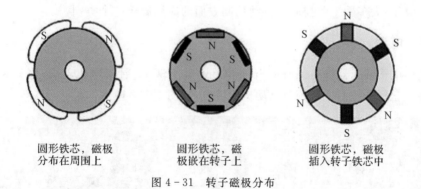

圆形铁芯,磁极
分布在周围上

圆形铁芯,磁
极嵌在转子上

圆形铁芯,磁极
插入转子铁芯中

图 4 - 31　转子磁极分布

3)霍尔传感器:与有刷直流电机不同,无刷直流电机使用电子方式换向。要使 BLDC 转起来,必须按照一定的顺序给定子通电,那么就需要知道转子的位置以便按照通电次序给相应的定子线圈通电。转子的位置是由嵌入到定子的霍尔传感器感知的。通常会安排 3 个霍尔传感器在转子的旋转路径周围。无论何时,只要转子的磁极掠过霍尔元件时,根据转子当前磁极的极性霍尔元件会输出对应的高电平或者低电平,这样只要根据 3 个霍尔元件产生的电平的时序就可以判断当前转子的位置,并相应地对定子绕组进行通电。

4)霍尔效应:在半导体上外加与电流方向垂直的磁场,会使得半导体中的电子与空穴受到不同方向的洛伦兹力而在不同方向上聚集,在聚集起来的电子与空穴之间会产生电场,电场力与洛伦兹力产生平衡之后,不再聚集,此时电场将会使后来的电子和空穴受到电场力的作用而平衡掉磁场对其产生的洛伦兹力,使得后来的电子和空穴能顺利通过不会偏移,这个现象称为霍尔效应。而产生的内建电压称为霍尔电压。

图4-31显示了N、S磁极交替排列的转子的横截面。霍尔元件安放在电机的固定位置,将霍尔元件安放到电机的定子是比较复杂的,因为如果安放时位置没有和转子的磁场相切,那么就可能导致霍尔元件的测量值不能准确地反应转子当前的位置。鉴于以上原因,为了简化霍尔元件的安装,通常在电机的转子上安装一颗冗余的磁体,这个磁体专门用来感应霍尔元件,这样就能起到和转子磁体感应的相同效果。霍尔元件一般按照圆周安放在印刷电路板上,并配备了调节盖,这样用户就可以根据磁场的方向非常方便地调节霍尔元件的位置以便使它工作在最佳状态。

霍尔元件位置的安排上,有60°和120°夹角两种。基于这种摆放形式,BLDC的电流换向顺序由厂商制定,当控制电机的时候就需要用到这种换向顺序。

注意:霍尔元件的电压范围从4~24V不等,电流范围从5~15mA不等,所以在考虑控制器时要考虑到霍尔元件的电流和电压要求。另外,霍尔元件输出集电极开路,使用时需要接上拉电阻。

(4)应用

无刷直流电机的应用十分广泛,如汽车、工具、工业工控、自动化以及航空航天等等。总的来说,无刷直流电机有以下三种主要用途。

1)持续负载应用:主要是需要一定转速但是对转速精度要求不高的领域。

2)可变负载应用:主要是转速需要在某个范围内变化的应用,对电机转速特性和动态响应时间特性有更高的需求。

3)定位应用:大多数工业控制和自动控制方面的应用属于这个类别。

4.3.2 电调

电调全称电子调速器(Electronic Speed Control,ESC)。针对电机不同,可分为有刷电调和无刷电调。它根据控制信号调节电动机的转速,如图4-32所示。

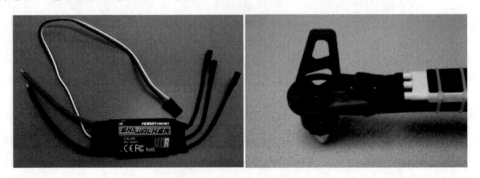

图4-32 电子调速器

1. 发展

随着无刷电机的大力发展,无刷电调占据了市场的主流。市面上也出现了许多种类的无刷电子调速器品牌。并不是每一款无刷电调都能与电机匹配,主要和电调的功率相关。如果使用了功率不够的电调,将会导致电调上面功率管的烧坏,以致电调不能工作。所以选择电调一定要看该款电调的功率,另外要看电调与电机的兼容度。电调并不能兼容所有电机,它必须根据电机的功率等参数来进行选择。但实际情况是许多品牌的电调并不是足功率足电流,也许你需要 60A 的电调,它其实只能跑到 55A 就无法再往上调了,所以选择电调的时候一定要问清楚供应商是否足功率。

2. 组成

无刷电调输入端一样是 2 根线,正负极电源,无刷输出 3 根线。对于它们的连接,一般情况下是这样的:电调的输入线与电池连接;电调的输出线(有刷两根、无刷三根)与电机连接;电调的信号线(和舵机的长得一样)与接收机连接。

另外,电调一般有电源输出功能,即在信号线的正负极之间,有 5V 左右的电压输出,通过信号线为接收机供电,接收机再为舵机等控制设备供电。

将电机与 ESC 连接,固定在机臂上,确保电机与机臂垂直。I 型六旋翼和 X 型六旋翼如图 4-33 所示。

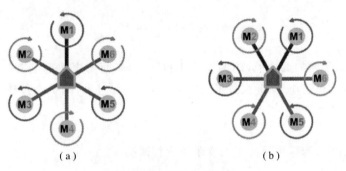

(a)I 型六旋翼;(b)X 型六旋翼

图 4-33　I 型六旋翼和 X 型六旋翼

电机的旋转方向并不相同,一般间隔跳变。交换连接马达与电调的任意两根连线即可使电机改变旋转方向。

3. 原理

电调主要作用是根据给定的控制信号控制电机的转速,就是一个调速器。根据控制电机种类不同,可以分为有刷电调和无刷电调。在相同功率下无刷电机的体积比有刷电机小很多,无刷电机控制方案逐渐成熟和完善,使得无刷电调在市场上逐渐占据了主流。

电调相当于一个开关,控制信号是一组方波信号,控制电调在单位时间内开关的次数。电调输入是直流,可以接稳压电源,或者锂电池。一般的供电需要 2~6 节锂电池。输出是三相脉动直流,直接与电机的三相输入端相连。如果上电后,电机反转,只需要把这三根线中间的任意两根对换位置即可。电调还有一根信号线连出,用来与接收机连接,控制电机的运转,连接信号线的共地。

4.应用

电调最主要的应用是航模、车模、船模、飞碟、飞盘等等玩具模型上面。这些模型通过电调来驱动电机完成各种指令,模仿其真实工作功能,以达到与真实情况相仿的效果。所以有专门为航模设计的航模电调,为车模设计的车模电调等等。电调的功效就是控制电机完成规定速度、动作。所以电调在生产生活中也有很广阔的应用,比如电动工具上的电调,医疗设备上的电调,汽车涡轮机上的电调,特种风机专用电调等等。

4.3.3 螺旋桨

桨算是多轴中很重要的一个配件,也是很容易损坏的一个配件,如图 4-34 所示。

图 4-34 螺旋桨

相同的电机,不同的 KV 值,用的螺旋桨也不一样,每个电机都会有一个推荐的螺旋桨。相对来说螺旋桨配得过小,不能发挥最大推力;旋桨配得过大,电机会过热,会使电机退磁,造成电机性能的永久下降。

1.分类

通常螺旋桨可分为定距螺旋桨和变距螺旋桨两类。

(1)定距螺旋桨

木制螺旋桨一般都是定距的。它的桨距(或桨叶安装角)是固定的。适合低速的桨叶安装角在高速飞行时就显得过小;同样,适合高速飞行的安装角在低速时又嫌大。所以定距螺旋桨只在选定的速度范围内效率较高,在其他状态下效率较低。定距螺旋桨构造简单,重量轻,在功率很小的轻型飞机和超轻型飞机上得到广泛应用。

(2)变距螺旋桨

为了解决定距螺旋桨高、低速性能的矛盾,遂出现了飞行中可变桨距的螺旋桨。螺旋桨变距机构由液压(见图 4-35(a))或电力驱动(见图 4-35(b))。

最初使用的是双距螺旋桨。高速时用高距,低速(如起飞、爬升状态)时用低距,以后又逐步增加桨距的数目,以适应更多的飞行状态。最完善的变距螺旋桨是带有转速调节器的恒速螺旋桨。转速调节器实际上是一个能自动调节桨距、保持恒定转速的装置。驾驶员可以通过控制调节器和油门的方法改变发动机和螺旋桨的转速,一方面调节螺旋桨的拉力,同时使螺旋桨处于最佳工作状态。在多发动机飞机上,当一台发动机发生故障停车时,螺旋桨在迎面气流作用下像风车一样转动,一方面增加飞行阻力,造成很大的不平衡力矩,另外也可能进一步损坏发动机。为此变距螺旋桨还可自动顺桨,即桨叶转到基本顺气流方向而使螺旋桨静止不动,以减小阻力。变距螺旋桨还能减小桨距,产生负拉力,以增加阻力,缩短着陆滑跑距离。这个状态称为反桨。

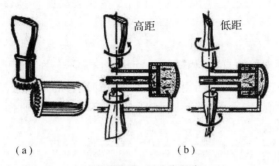

(a)液压驱动;(b)电力驱动

图 4-35　螺旋桨变距机构

2.原理

螺旋桨旋转时,桨叶不断把大量空气(推进介质)向后推去,在桨叶上产生一向前的力,即推进力。一般情况下,螺旋桨除旋转外还有前进速度。如截取一小段桨叶来看,恰像一小段机翼,其相对气流速度由前进速度和旋转速度合成。桨叶上的气动力在前进方向的分力构成拉力。在旋转面内的分量形成阻止螺旋桨旋转的力矩,由发动机的力矩来平衡。桨叶剖面弦(相当于翼弦)与旋转平面夹角称桨叶安装角。螺旋桨旋转一圈,以桨叶安装角为导引向前推进的距离称为桨距,如图 4-36 所示。实际上桨叶上每一剖面的前进速度都是相同的,但圆周速度则与该剖面距转轴的距离(半径)成正比,所以各剖面相对气流与旋转平面的夹角随着离转轴的距离增大而逐步减小,为了使桨叶每个剖面与相对气流都保持在有利的迎角范围内,各剖面的安装角也随着与转轴的距离增大而减小。这就是每个桨叶都有扭转的原因。

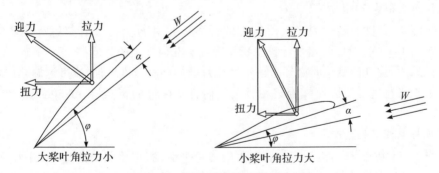

图 4-36　螺旋桨旋转时桨叶受力图

螺旋桨效率以螺旋桨的输出功率与输入功率之比表示。输出功率为螺旋桨的拉力与飞行速度的乘积。输入功率为发动机带动螺旋桨旋转的功率。在飞机起飞滑跑前,由于前进速度为零,所以螺旋桨效率也是零,发动机的功率全部用于增加空气的动能。随着前进速度的增加,螺旋桨效率不断增大,速度在 200～700 km/h 范围内效率较高,飞行速度再增大,由于压缩效应桨尖出现波阻,效率急剧下降。螺旋桨在飞行中的最高效率可达 85%～90%。螺旋桨的直径比喷气发动机的大得多,作为推进介质的空气流量较大,在发动机功率相同时,螺旋桨后面的空气速度低,产生的推力较大,这对起飞(需要大推力)非常有利。

3.桨的型号

桨的型号如1045、7040,这些4位数字,前面2位代表桨的直径(单位:in①),后面2位是桨的角度。

4.正反桨

轴飞行为了抵消螺旋桨的自旋,相隔的桨旋转方向是不一样的,所以需要正反桨。正反桨的风都向下吹。适合顺时针旋转的叫正桨、适合逆时针旋转的是反桨。安装的时候,一定记得无论正反桨,有字的一面是向上的(桨叶圆润的一面要和电机旋转方向一致)。

5.螺旋桨的几何参数

1)直径(D):影响螺旋桨性能重要参数之一。一般情况下,直径增大拉力随之增大,效率随之提高。所以在结构允许的情况下尽量选直径较大的螺旋桨。此外还要考虑螺旋桨的桨尖气流速度不应过大(小于0.7声速),否则可能出现激波,导致效率降低。

2)桨叶数目(B):可以认为螺旋桨的拉力系数和功率系数与桨叶数目成正比。超轻型飞机一般采用结构简单的双叶桨。只是在螺旋桨直径受到限制时,采用增加桨叶数目的方法使螺旋桨与发动机获得良好的配合。

3)实度:桨叶面积与螺旋桨旋转面积的比值。它的影响与桨叶数目的影响相似。随实度增加拉力系数和功率系数增大。

4)桨叶角:桨叶角随半径变化,其变化规律是影响桨工作性能最主要的因素。习惯上以70%直径处桨叶角值为该桨桨叶角的名称值。

5)螺距:它是桨叶角的另一种表示方法。

6)几何螺距:桨叶剖面迎角为零时,桨叶旋转一周所前进的距离。它反映了桨叶角的大小,更直接指出螺旋桨的工作特性。桨叶各剖面的几何螺距可能是不相等的。习惯上以70%直径处的几何螺距做名称值。国外可按照直径和螺距订购螺旋桨。如64/34,表示该桨直径为60 in,几何螺距为34 in。

7)实际螺距:桨叶旋转一周飞机所前进的距离。可用$H_g = v/n$计算螺旋桨的实际螺距值。可按$H = 1.1 \sim 1.3 H_g$粗略估计该机所用螺旋桨几何螺距的数值。

8)理论螺距:设计螺旋桨时必须考虑空气流过螺旋桨时速度增加,流过螺旋桨旋转平面的气流速度大于飞行速度。因而螺旋桨相对空气而言所前进的距离——理论螺距将大于实际螺距。

6.电机与螺旋桨的搭配

旋桨越大,升力就越大,但对应需要更大的力量来驱动;螺旋桨转速越高,升力越大;电机的KV越小,转动力量就越大;综上所述,大螺旋桨就需要用低KV电机,小螺旋桨就需要高KV电机(因为需要用转速来弥补升力不足)。如果高KV带大桨,力量不够,那么就很困难,实际还是低速运转,电机和电调很容易烧掉。如果低KV带小桨,完全没有问题,但升力不够,可能造成无法起飞。

---

① 1 in=254 mm

4.3.4　电池

动力电池组用于给电机供电,以带动其他设备运行。动力电池组主要有镍镉、镍氢、锂电池等,现在常用的是锂电池(见图 4-37)。锂电池同镍系列电池相比,有自放电小以及没有"记忆效应"(发生的原因是由于电池重复的部分充电与放电不完全所致。会使电池暂时性的容量减小,导致使用时间缩短。)两大优点,而且比能量大(高达 0.18 kW/kg,是镍氢电池的 2 倍,铅酸电池的 4 倍,因此重量只是同等能量铅酸电池的 1/3 到 1/4,可以减轻动力部分的重量),内阻小(发热小),所以选择锂电池。

图 4-37　锂电池

锂电池又可分为锂离子电池和锂聚合物电池,锂聚合物电池的放电倍率要明显高于锂离子电池,加上它在比能量与安全性方面都要优于锂离子电池,价格也相近,所以选择锂聚合物电池。锂聚合物电池采用凝胶聚合物为电解质,其内部不含有流质,不会流失与蒸发,一般采用铝塑复合膜包装。理论上,锂聚合物电池可以做成任何形状,但实际上绝大部分都做成长方形薄板状。

1. 锂电池的发展

20 世纪 70 年代埃克森的 M. S. Whittingham 采用硫化钛作为正极材料,金属锂作为负极材料,制成首个锂电池。

1980 年,J. Goodenough 发现钴酸锂可以作为锂离子电池正极材料。

1982 年伊利诺伊理工大学(the Illinois Institute of Technology)的 R. R. Agarwal 和 J. R. Selman 发现锂离子具有嵌入石墨的特性,此过程是快速并且可逆的。与此同时,采用金属锂制成的锂电池,其安全隐患备受关注,因此人们尝试利用锂离子嵌入石墨的特性制作充电电池。首个可用的锂离子石墨电极由贝尔实验室试制成功。

1983 年 M. Thackeray、J. Goodenough 等人发现锰尖晶石是优良的正极材料,具有低价、稳定和优良的导电、导锂性能。其分解温度高,且氧化性远低于钴酸锂,即使出现短路、过充电,也能够避免了燃烧、爆炸的危险。

1989 年,A. Manthiram 和 J. Goodenough 发现采用聚合阴离子的正极将产生更高的电压。

1991 年索尼公司发布首个商用锂离子电池。随后,锂离子电池革新了消费电子产品的面貌。

1996 年 Padhi 和 Goodenough 发现具有橄榄石结构的磷酸盐,如磷酸锂铁($LiFePO_4$),比传统的正极材料更具优越性,因此已成为当前主流的正极材料。

随着数码产品如手机、笔记本电脑等产品的广泛使用,锂离子电池以优异的性能在这类产品中得到广泛应用,并在逐步向其他产品应用领域发展。1998 年,天津电源研究所开始商业化生产锂离子电池。习惯上,人们把锂离子电池也称为锂电池,但这两种电池是不一样的。锂离子电池已经成为主流。

2.锂电池的组成

锂离子电池是指分别用两个能可逆地嵌入与脱嵌锂离子的化合物作为正负极构成的二次电池。人们将这种靠锂离子在正负极之间的转移来完成电池充放电工作的,独特机理的锂离子电池形象地称为"摇椅式电池",俗称"锂电"。

锂电池通常有两种外形:圆柱形和方形。电池内部采用螺旋绕制结构,用一种非常精细而渗透性很强的聚乙烯薄膜隔离材料在正、负极间间隔而成。正极包括由钴酸锂(或镍钴锰酸锂、锰酸锂、磷酸亚铁锂等)及铝箔组成的电流收集极。负极由石墨化碳材料和铜箔组成的电流收集极组成。电池内充有有机电解质溶液。另外还装有安全阀和 PTC 元件(部分圆柱式使用),以便电池在不正常状态及输出短路时保护电池不受损坏,如图 4-38 所示。

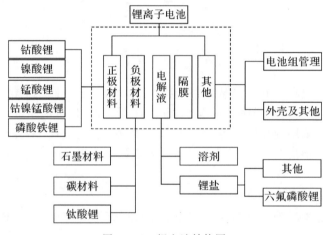

图 4-38　锂电池结构图

3.锂电池的工作原理

锂离子电池的工作原理就是指其充放电原理。当对电池进行充电时,电池的正极上有锂离子生成,生成的锂离子经过电解液运动到负极。而作为负极的碳呈层状结构,它有很多微孔,到达负极的锂离子就嵌入到碳层的微孔中,嵌入的锂离子越多,充电容量越高,如图 4-39 所示。

同样,当对电池进行放电时(即使用电池的过程),嵌在负极碳层中的锂离子脱出,又运动回到正极。回到正极的锂离子越多,放电容量越高。我们通常所说的电池容量指的就是放电容量。

不难看出,在锂离子电池的充放电过程中,锂离子处于从正极→负极→正极的运动状态。当电池充电时,锂离子从正极中脱嵌,在负极中嵌入,放电时反之。如果把锂离子电池形象地比喻为一把摇椅,摇椅的两端为电池的两极,而锂离子就像优秀的运动健将,在摇椅的两端来回奔跑。

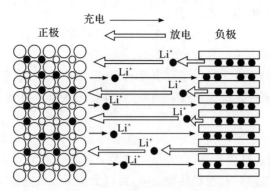

图 4-39　锂电池工作原理

3. 电池的性能参数

1)电池容量:电池的容量由电池内活性物质的数量决定,通常用 mA·h 或者 A·h 表示。例如 1 000 mA·h 就是能以 1 A 的电流放电 1 h,换算为所含电荷量大约为 3 600 C。

2)标称电压:电池正负极之间的电势差称为电池的标称电压。标称电压由极板材料的电极电位和内部电解液的浓度决定。

锂电池放电图是呈抛物线的,4.3 V 降到 3.7 V 和 3.7 V 降到 3.0 V,都是变化很快的。唯有 3.7 V 左右的放电时间是最长的,几乎占到了 3/4 的时间,因此锂电池的标称电压是指维持放电时间最长的那段电压。锂电池的标称电压有 3.7 V 和 3.8 V,如果为 3.7 V,则充电终止电压为 4.2 V,如果为 3.8 V,则充电终止电压为 4.35 V,如图 4-40 所示。

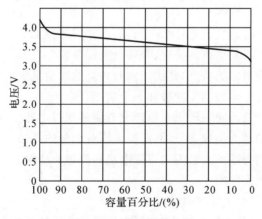

图 4-40　锂电池放电图

3)充电终止电压:可充电电池充足电时,极板上的活性物质已达到饱和状态,再继续充电,电池的电压也不会上升,此时的电压称为充电终止电压。锂离子电池为 4.2 V 或者 4.35 V。

4)放电终止电压:放电终止电压是指蓄电池放电时允许的最低电压。放电终止电压和放电率有关。一般来讲单元锂离子电池为 2.7 V。

5)电池内阻:电池的内阻由极板的电阻和离子流的阻抗决定,在充放电过程中,图像引擎以及极板的电阻是不变的,但离子流的阻抗将随电解液浓度和带电离子的增减而变化。当锂电池的 OCV 电压降低时,阻抗会增大,因此在低电(小于 3V)充电时,要先进行预充电(涓流充电),防止电流太大引起电池发热量过大。

6)自放电率:是指在一段时间内,电池在没有使用的情况下,自动损失的电量占总容量的百分比。一般在常温下锂离子电池自放电率为 5%～8%。

无人机的出现为人们的生活提供了许多便利,现已被广泛应用到社会的各行各业。但其过短的续航时间一直是研究人员无法攻克的问题,目前无人机主要依靠 6 种动力完成复杂的工作。

大多数无人机都安装了锂电池,但效果只能维持 20 min 左右,且需要经常拆卸、更换电池,十分耗时费力。针对这一现象,研究人员又探索了两种全新的动力来源,极大地提高了无人机的效率。一是使用氢燃料电池代替锂电池,可以支持无人机连续运转两个小时,并且充电十分迅速;二是使用激光发射器为无人机供电,从地面发射的激光光束被机身上的接收器转化成动力,几乎可以支持无人机一直工作。

此外,还有太阳能、内燃机和有线电缆这 3 种常见的动力来源。利用太阳能发电的无人机通常同时安装了锂电池和太阳能电池,有阳光时就可利用太阳能提供飞行动力,锂电池则作为备用电池。用内燃机发电可支持无人机以 100 km/h 的速度飞行 1 h,但噪声大且存在安全隐患,因为无人机内有可燃气体。利用有线电缆供电几乎可以让无人机永久地运转,也可以加快无人机向电脑传输数据的速度,但由于受到有线连接的限制,无法完成远距离飞行。

课 后 练 习

1.无人机的动力系统按照能源如何分类?请简述各类别无人机的适用场合和优缺点对比。

2.油动无人机的主要动力装置是什么,它有那些常用的分类?

3.简述几种油动无人机发动机的组成、原理及重要参数。

4.对比几种无人机发动机的特点,并浅谈你对各类别发动机应用的理解。

5.解释活塞式发动机工作的四个冲程和五个状态。

6.活塞式发动机与燃气涡轮发动机在原理上有哪些相似之处?

7.简述电动无人机的动力组成部分,并简要说明各部分的关系。

8.电机根据能源分类为哪两类?简述直流电机的原理和结构。

9.无刷电机如何实现换向的?

10.无人机常用的 BLDC 有哪些优点?

11.若要组装一台简单的四旋翼无人机,详细说明各元件的选型和连接方式。

第5章　无人机飞行控制系统

内容提示

无人机飞行控制系统是无人机的大脑,一般包括传感器、机载计算机和伺服作动设备三大部分,实现的功能有无人机姿态稳定和控制、无人机任务设备管理和应急控制三大类。

教学要求

(1) 掌握控无人机的定义、基本原理。
(2) 掌握无人机飞控的基本组成。
(3) 了解无人机飞控基本算法。
(4) 了解无人机的开源飞控。

内容框架图

5.1 飞控原理

5.1.1 飞控的定义及功能

1.飞控的定义

无人机飞行控制系统,简称飞控,是指能够稳定无人机飞行姿态,并能控制无人机自主或半自主飞行的控制系统,是无人机的大脑,也是区别于航模的最主要标志。无人机飞行控制系统主要由飞行控制和飞行管理组成,飞行控制是指无人机能够按照地面无线遥控指令或者预先设定好的飞行状态来控制飞机的飞行姿态和航迹。飞行管理是指飞行能够在飞行过程中完成飞行状态的参数采集、导航计算、遥测数据传送、故障诊断处理、应急情况处理、任务设备的控制与管理等工作。无人机通过飞行控制系统自动实现安全稳定的飞行姿态。

2.飞控的功能

无人机飞行控制系统完成飞行状态的检测、导航、控制性能和故障诊断四种功能。

(1)飞行状态系统

飞控系统主要用于飞行姿态控制和导航,首先要知道飞行器当前的状态,比如:三维位置、三维速度、三维加速度、三轴角度和三轴角速度等状态。准确感知,是飞控系统最基础也是最难控制的技术要点,主要受限于传感器的感知水平,在实际作业中会受到环境的干扰而出现测量误差。目前大部分厂家正在研发组合导航技术,结合 GPS、IMU、气压计和地磁指南针各自的优缺点,通过电子信号处理领域的技术,融合多种传感器的测量值,获得更精准的状态测量。

(2)导航系统

将无人机从起始点引导到目的地的技术或方法称为导航,是无人机执行任务飞行最基础的条件。导航系统测量并解算出无人机的瞬时运动状态和位置,提供给控制系统实现对运载体的正确操纵或控制。常见有惯性导航系统、北斗、GPS 导航、多普勒导航等系统,它们优缺点并存。比如,惯性导航不需要任何外来信息也不向外辐射任何信息,可在任何介质和任何环境条件下实现导航,且能输出飞机的位置、速度、方位和姿态等多种导航参数,系统的频带宽,能跟踪运载体的任何机动运动,导航输出数据平稳,短期稳定性好。但导航精度随时间而发散,即长期稳定性差。GPS 导航系统导航精度高,频带窄,当无人机做较高机动运动时,接收机的码环和载波环极易失锁而丢失信号,从而完全丧失导航能力。

各种导航系统单独使用时是很难满足导航性能要求的,常常采用两种或两种以上的非相似导航系统对同一导航信息作测量并解算,从这些量的测量中计算出各导航系统的误差并校正之。采用组合导航技术的系统称组合导航系统,参与组合的各导航系统称子系统。

(3)控制系统

飞控系统先进的控制算法直接影响工业机的作业品质,飞行不仅对动力系统有较高的要求,悬停和慢速控制上也有非常高的精度要求,目前算法有卡尔曼滤波、PID 算法。如在飞行器断桨、突然受到撞击、突加负重或被其他外力干扰后,拥有强大的控制恢复能力,才能够应对很多的极端状况,这对于飞行安全性来说尤其重要。

(4)故障诊断系统

飞控系统实时地进行故障监控与故障诊断能大幅降低事故发生的概率。飞控系统通过对振动、电压、电流、温度、转速等各项飞行状态的参数监控进行故障诊断。在最短时间内快速监测并判定故障,同时,在判定故障的刹那间飞控系统就要采用转换后的正确信号进行飞行操控。这种飞控故障诊断系统必须建立在大量的故障数据积累及丰富的诊断经验基础上,如此才能对故障进行早期预报、应急处理,使飞行变得更加安全。

5.1.2　飞控的基本原理

飞控系统实时采集各传感器测量的飞行状态数据、接收无线电测控终端传输的由地面测控站上行信道送来的控制命令及数据,经计算处理,输出控制指令给执行机构,实现对无人机中各种飞行模态的控制和对任务设备的管理与控制。同时将无人机的状态数据及发动机、机载电源系统、任务设备的工作状态参数实时传送给机载无线电数据终端,经无线电下行信道发送回地面测控站。

飞行系统控制无人机飞行的原理如下:当飞机偏离控制器预设状态时,(这种情况可能是飞行姿态的改变或者飞行轨迹的变更),传感器会探测到这种变化,并将这种变化产生的电信号输出到控制器。控制器得到这种信号后便开始进行运算处理,产生相应的控制信号控制舵机,舵机接到电压信号后通过对舵面的调整来改变飞机的姿态,从而使飞机能够按照预设的姿态正常飞行,这就是飞控系统对无人机飞行控制的一个基本回路。根据这一飞行控制基本原理,可以将对无人机的控制分为俯仰角控制回路、高度控制回路、滚转角控制回路、航向控制回路和稳定控制回路,所有的控制回路组成了一个完整的无人机飞行控制体系。

常用的多旋翼飞行控制系统主要包含两个控制回路:一个飞行器姿态控制回路,另一个是飞行器位置控制回路。由于姿态运动模态的频带宽,运动速率快,所以姿态控制回路作为内回路进行设计;而位置运动模态的频带窄,运动速度慢,所以位置控制回路作为外回路进行设计。

位置控制回路可以使飞行器悬停在指定位置或者按照设定好的轨迹飞行。姿态控制回路的作用是使多轴飞行器保持稳定的飞行姿态。若两个控制回路同时产生控制信号,则各个旋翼的转速分别作相应的调整,使得多轴飞行器能够按照指令稳定飞行,如图 5-1 所示。

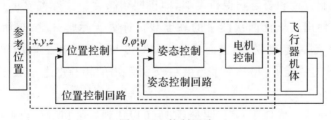

图 5-1　控制回路

1. 内回路

由于内回路姿态与外回路位置有直接的耦合关系(滚转、俯仰姿态运动引起水平方向的左右、前后运动),因此所有控制的核心便集中在内回路。考虑到内回路姿态控制算法的可实现性,合理的方法和控制策略是决定控制性能的重点。

内回路姿态控制的策略一般有两种,第一种是直接对姿态角进行控制,另一种是将姿态角误差转化为期望的修正角速度,对实际角速度进行控制以达到跟踪期望角速度、消除姿态角误差的目的。由于角速度可构成更快回路,因此第二种策略具有更快的响应速度。

以四轴的姿态控制系统为例,在实际系统中,目前使用的是 PID 控制技术。内回路根据期望的姿态指令与传感器测量解算得到的估计姿态进行比较,所得误差乘以一个系数作为期望的角速率。该角速率的目的是希望四轴以该角速率来修正当前的角度误差。期望的姿态指令是位置控制输出与遥控器姿态指令信号的线性融合。显然,当角度误差越大时,期望的角速度会相应增大,该值与传感器测量得到的角速度误差通过 PID 控制器来消除。比如,当四旋翼转通道出现+20°的角度误差时,给该误差乘以系数 4,意味着希望四旋翼以 80s 的角度来修正该误差,那么应在 0.25s 内基本消除该角度误差。若当前滚转通道的角速率为 10s,则 PID 控制器输出一个正的控制增量,使滚转通道的角度增大,以达到消除角度误差的目的。

内回路姿态控制部分的算法见表 5-1。

表 5-1　内回路控制算法

If(2.5ms 时间到)

读测量的姿态角

期望角速度＝(姿态角指令－测量姿态角) * P_Angle;

控制输出＝(期望角速度－测量角速度) * PID;

限幅;

End

2. 外回路

多旋翼飞行器的外回路(位置控制稳定)与内回路(姿态稳定控制)具有直接耦合关系。外回路的控制原理与内回路基本一致。

现以某四旋翼飞行器定点悬停的实现为例对外回路进行说明。将定点悬停分为高度保持和水平位置保持两个阶段。

高度保持的控制方式和姿态角保持类似,即将期望高度与实际高度的误差乘以系数转化为期望的爬升率。使用气压计两次测量的高度数据计算实际爬升率,与期望速度进行比较。使用 PID 控制策略,消除速度误差,进而消除期望高度与实际高度之间的误差,达到高度保持的目的。在有 GPS 的情况下,爬升率可与由 GPS 计算出的爬升率进行融合,从而得到更为准确的爬升率数据。

水平位置数据目前一般使用 GPS 测量,精度可以达到 5 m 以内。由期望的悬停位置与四旋翼当前位置的差值计算出期望的水平飞行速度,而该速度通过一定的算法转化为期望的俯仰/滚转角,实现按照期望的修正方向运动,减小水平位置误差。在这个过程中,四旋翼的航向一般保持不变。但在实际中,由于任务的需求,可能需要在定点悬停的同时改变航向,因此在确认悬停点的同时会确认悬停的航向信息。之后,当航向发生改变时,控制器能够根据当前航向与期望航向的偏差解算合适的滚转/俯仰角,从而得到准确的航向误差修正方向。

定点悬停控制的算法见表 5-2。

表 5 - 2　外回路控制算法

If(250ms 时间到)
读取当前 GPS 位置；
计算位置误差；
结合航向变化计算 xy 方向期望加速度；
Xy 方向加速度转换为俯仰/滚转角；
限幅；
外回路计算得到期望角度与指令输入融合；
转入内回路姿态控制；
End

5.2　飞控的基本组成

飞行控制系统主要包括传感器、舵机和飞行控制器三部分,该系统的主要作用是负责实时采集无人机在空中的各种参数,控制无人机维持在稳定的飞行状态。其中,传感器负责各种信息的采集,如高度信息,经纬度信息,速度信息,平衡姿态信息等;控制器是飞控系统的核心,负责对传感器采集的各种信息进行处理,然后将处理后的信息转化成相应的电压信号指令传递给舵机;舵机是无人机的执行机构,它负责按照控制器传送的指令带动舵面或者油门发生相应的变化而改变飞机的飞行姿态。

传感器主要包括:GPS 接收机、风速传感器、高度传感器、红外姿态传感器等;舵机主要包括:升降舵机、副翼舵机、尾翼舵机三部分组成,大多数油动无人机还包括油门舵机。舵机的作用是将飞控器送来的电信号转变成机械位移量,带动舵面偏转,实现对飞机的姿态位置的控制。飞机的舵机主要包括升降舵机,副翼舵机和尾翼舵机三种,有些无人机上还有油门舵机。其中飞机的飞行爬升高度及俯仰角度变化由升降舵控制,副翼舵机控制飞机的航向和滚转角度变化,尾翼舵机主要控制飞机航向的变化,油门舵机主要通过拉动油门活塞控制进油量而控制发送机转速。

5.2.1　传感器

传感器(transducer/sensor)是一种检测装置,能感受到被测量的信息,并能将感受到的信息按一定规律变换成为电信号或其他所需形式的信息输出,以满足信息的传输、处理、存储、显示、记录和控制等要求。传感器的特点包括:微型化、数字化、智能化、多功能化、系统化、网络化。它是实现自动检测和自动控制的首要环节。以下介绍几种常用的传感器。

1.陀螺仪

陀螺仪是用高速回转体的动量矩敏感壳体相对惯性空间绕正交于自转轴的一个或两个轴的角运动检测装置。利用其他原理制成的角运动检测装置起同样功能的也称陀螺仪,如图5-2所示。

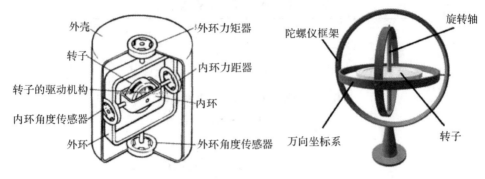

图 5-2 陀螺仪结构

目前，人们普遍认为是 1850 年法国的物理学家莱昂·傅科(J. Foucault)为了研究地球自转，发明了陀螺仪。那个时代的陀螺仪可以理解成把一个高速旋转的陀螺放到一个万向支架上面，这样因为陀螺在高速旋转时能保持稳定，人们就可以通过陀螺的方向来辨认方向，确定姿态，计算角速度。

最早的陀螺仪都是机械式的，里面真有高速旋转的陀螺，而机械的东西对加工精度有很高的要求，还怕震动，因此以机械陀螺仪为基础的导航系统精度一直都不太高。于是，人们开始寻找更好的办法，利用物理学上的进步，发展出激光陀螺仪、光纤陀螺仪以及微机电陀螺仪(MEMS)。这些东西虽然还叫陀螺仪，但是它们的原理和传统的机械陀螺仪已经完全是两码事了。

激光陀螺仪的原理是利用光程差来测量旋转角速度(萨格纳克(sagnac)效应)。在闭合光路中，由同一光源发出的沿顺时针方向和逆时针方向传输的两束光和光干涉，利用检测相位差或干涉条纹的变化，就可以测出闭合光路旋转角速度。

光纤陀螺仪利用的是萨格纳克效应，通过光传播的特性，测量光程差，计算出旋转的角速度，起到陀螺仪的作用，替代陀螺仪的功能。光纤陀螺仪与传统的机械陀螺仪相比，优点是全固态，没有旋转部件和摩擦部件，寿命长，动态范围大，瞬时启动，结构简单，尺寸小，重量轻。与激光陀螺仪相比，光纤陀螺仪没有闭锁问题，也不用在石英块精密加工出光路，成本低。

微机电陀螺仪则是利用物理学的科里奥利力，在内部产生微小的电容变化，然后测量电容，计算出角速度，替代陀螺仪。现在智能手机里面所用的陀螺仪，就是微机电陀螺仪(MEMS)。

2.加速度计

加速度计，是测量运载体线加速度的仪表。加速度计由检测质量(也称敏感质量)、支承、电位器、弹簧、阻尼器和壳体组成(见图 5-3)。其中，在测量飞机过载的加速度计是最早获得应用的飞机仪表之一。

常见加速度计的主要构件如下：外壳(与被测物体固连)、参考质量、敏感元件、信号输出器等。加速度计要求有一定量程和精确度、敏感性等，这些要求在某种程度上往往是矛盾的。以不同原理为依据的加速度计，其量程不同(从几个到几十万个)，它们对突变加速度频率的敏感性也各不相同。常见的加速度计所依据的原理有：

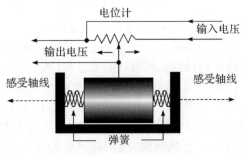

图 5-3　加速度计示意图

1)参考质量由弹簧与壳体相连,它和壳体的相对位移反映出加速度分量的大小,这个信号通过电位器以电压量输出;

2)参考质量由弹性细杆与壳体固连,加速度引起的动载荷使杆变形,用应变电阻丝感应变形的大小,其输出量是正比于加速度分盘大小的电信号;

3)参考质量通过压电元件与壳体固连,质量的动载荷对压电元件产生压力,压电元件输出与压力即加速度分量成比例的电信号:

4)参考质量由弹簧与壳体连接,放在线圈内部,反映加速度分量大小的位移改变线圈的电感,从而输出与加速度成正比的电信号。此外,尚有伺服类型的加速度计,其中引入一个反馈回路,以提高测量的精度。为了测出在平面或空间的加速度矢量,需要两个或三个加速度计,各测量一个加速度分量。

3.磁力计

电子罗盘(也称磁力计)是一种重要的导航工具,能实时提供移动物体的航向和姿态。随着半导体工艺的进步和手机操作系统的发展,集成了越来越多传感器的智能手机变得功能强大,很多手机上都实现了电子罗盘的功能。而基于电子罗盘的应用(如 Android 的 Skymap)在各个软件平台上也流行起来。

要实现电子罗盘功能,需要一个检测磁场的三轴磁力传感器和一个三轴加速度传感器。随着微机械工艺的成熟,意法半导体推出将三轴磁力计和三轴加速计集成在一个封装里的二合一传感器模块 LSM303DLH,方便用户在短时间内设计出成本低、性能高的电子罗盘。这里以 LSM303DLH 为例讨论该器件的工作原理、技术参数和电子罗盘的实现方法。

传感器融合是指一个系统中使用多个传感器(如加速度计、陀螺仪、磁力计等)并对多种传感器信号进行算法处理,平衡各种传感器的优势和劣势,获得更准确、更真实的数据。

传感器融合技术包含以下内容:

1)平衡各种传感器的优势和劣势,利用单独部件获得更大的计算能力;

2)提高计算结果的质量和噪声级:

3)传感器数据之间的已知数据冗余;

4)系统传递函数、动态和/或动力学的知识。

如加速度传感器可以返回包括惯性加速度和重力在内的被测量。当它们没有运动时,可以成为非常出色的倾斜仪。但它们无法探测到重力矢量的旋转情况。磁力计在探测地球磁场的时候,也有着类似的问题。但将二者结合在一起,可以将二者的优势进行互补,从而获得此前单独使用时无法获得的优势。

4.微机电系统 MEMS

目前,无人机上大量使用的是 MEMS 传感器。如果把自动驾驶仪比作飞行器的"大脑",那么 MEMS 传感器就是"飞行器"的眼耳鼻。正是这些传感器将飞行器的动态信息收集并发给主控单片机,飞行器才能够通过计算得到飞机的姿态和位置。

MEMS(Microelectromechanical Systems)是将微电子技术与机械工程融合到一起的一种工业技术,它的操作范围在微米范围内。它是以半导体制造技术为基础发展起来的。MEMS 技术采用了半导体技术中的光刻、腐蚀、薄膜等一系列的现有技术和材料,因此从制造技术本身来讲,MEMS 中基本的制造技术是成熟的。但 MEMS 更侧重于超精密机械加工,并要涉及微电子、材料、力学、化学、机械学诸多学科领域。它的学科面也扩大到微尺度下的力、电、光、磁、声、表面等物理学的各分支。

为什么无人机飞控要使用 MEMS 传感器? 要开发飞控,如何得到飞行器的航姿是第一任务,传统的载人飞行器一般使用机械陀螺和光纤陀螺来完成这项任务,但是受限于体积、重量和成本,在多旋翼等小型飞行器上无法采用这种设备。因此,以 MEMS 传感器为核心的 DOF(Degree of Freedom,自由度)系统成为唯一的选择。由于近十年来,家用游戏机和手机的迅速发展,使得 MEMS 传感器在这十几年中得到了飞速的普及,让低成本的运动感知成为可能,这正是目前的微型飞控系统形成的基本条件。

MEMS 陀螺仪用于测量角旋转,通常可以快速响应旋转的变化。随着时间的延长,它们也通常会出现相当大的偏移和漂移现象。磁力计可以提供一种方式,来抑制这些偏移和漂移。反之,陀螺仪的数据可以作为复查磁场干扰的有用工具。

无人机飞控所使用的 MEMS 传感器与手机和游戏机来自相同的厂家,比如 ST microelectronics,INVENSENSE 等。MEMS 传感器从早期的多芯片组合使用,发展到现在的单芯片集成多轴传感器,从模拟传感器发展为数字传感器,已经经历了多次较大变革。

典型 MEMS 传感器有以下几种。

1)MPU6000,是飞控传感器的王者,虽然新的传感器层出不穷,但是它的地位一直无法撼动。PIXHawk 飞控的早期版本曾经抛弃了 MPU6000,但是后来又不得不重新使用,因为这颗 MEMS 芯片已经被所有进行开源飞控项目开发的爱好者们所接受。

MPU6000 在一块 4mm×4mm 的芯片内部集成了三轴角速率陀螺和三轴加速度计,并且集成 AD 采集、解算核心,以及温度传感器。如此高的集成度在当时还是其他厂商望尘莫及的。而对于旋转矩阵、四元数和欧拉角格式的融合演算数据的输出更是降低了主控单片机解算姿态的计算量。SPI 和 I2C 双数字接口、3.3V 与大部分单片机相同的供电电压(2.4V 至 3.4V)、4mA 的最大功耗、可定制的传感器量程、-40℃至+85℃的工作温度……这些特性极大地方便了主控计算机的工作。难怪 INVENSENSE 自信地称这款产品为 MPU(Motion Processor Unit,运动处理单元),并且在芯片型号后面不加任何后缀,如图 5-4 所示。

图 5-4　MPU6000

所有想深入进行开源飞控开发的爱好者们都应该从这款芯片开始学习传感器的应用和航姿解算的基本算法,这是最简单有效的途径。OpenPilot 的 CC3D 飞控就给大家提供了很好的实例,它只利用了这一颗传感器,便做出了经典的飞控产品。

2)MS5611 传感器如图 5-6 所示。芯片只有 3 mm×5 mm,但其传感器精度高于很多的专业航空设备,且价格非常便宜。该传感器由瑞士的 MEAS 公司推出,在此之前,大多飞控采用的是摩托罗拉的气压传感器,体积要大几倍,且不是贴片器件,需要"立"在电路板上,MS5611 一经推出就立即成为所有开源飞控气压测量的标配。

MS5611 传感器响应时间只有 1ms,工作功耗为 1μA,可以测量 10~1 200 mbar 的气压数值。MS5611 具有 SPI 和 I2C 总线接口、与单片机相同的供电电压、−40℃ 至 +85℃ 的工作温度、全贴片封装、全金属屏蔽外壳、集成 24 位高精度 AD 采集器等特性,这些特性使其非常适合在高度集成的数字电路中工作,所以成为开源飞控测试气压高度的首选,如图 5-5 所示。

图 5-5　MS5611

3)HMC5883,如图 5-7 所示,接触过磁阻传感器(也就是磁罗盘传感器)的人都知道,使 Z 轴磁阻传感器实现扁平化是多么的不容易。霍尼韦尔也是在研发了数十款相关的产品之后,才最终有能力生产出这款全集成的三轴数字罗盘的。令人不得不惊叹于它的体积——3mm×3mm 的面积、厚度不足 1 mm。更加让人惊叹的是其低廉的价格,所以除了 PIXHawk 这样极度追求硬件先进性的飞控以外,其他开源飞控如果配有磁罗盘的话,无一例外均使用的是 HMC5883。当然,霍尼韦尔早已推出了升级型的 HMC5983,将角度测量精度提高到了 1° 以内。对于爱好者们来说,HMC5883 已经够用了。

磁阻传感器的设计难点在于铁氧体的消磁,能够把铁氧体传感器和消磁驱动单元、12 位 ADC、运算核心等全部集成在如此小的芯片当中是十分不易的。HMC5883 特性包括:在 ±8GS 的磁场中实现 2mGS 的分辨率、与单片机相同的供电电压、−30℃ 至 +85℃ 的工作环境温度等。虽然 ST microelectronics 已经推出了集成三轴磁阻传感器和三轴加速度计的 LSM303D,并且体积更小、集成度更高,但是 HMC5883 一直是磁罗盘的首选芯片,如图 5-6 所示。

图 5-6　HMC5883

4)L3GD20,面积仅有 4 mm×4 mm,注定其为移动设备而生。ST 是最早一批开发 MEMS 芯片的厂家,也是最早发布陀螺产品的公司,但 L3GD20 还是晚来了一步。虽然它精度更高,但是风头已被 MPU6000 抢走。虽然没有集成三轴加速度计,但是凭借高精度角速率测量、大范围的自定义量程,以及更加低廉的价格,L3GD20 逐渐被业界承认,以至于 PHX-Hawk 一度想用它替代 MPU6000。当然,最终 PIXHawk 并没有实现替代的愿望,它们并存于这款开源飞控之上,互为补充,成就了 PIXHawk 的冗余设计。

L3GD20 具备与单片机相同的供电电压、−40 ℃至＋85 ℃的工作环境温度、兼容 I2C 和 SPI 数字接口、内置可调低/高通滤波器电路、6mA 的工作功耗,以及集成的温度传感器,这些同样可作为高集成电路角速率陀螺仪不错的选择。

5)LSM303D,如果说其他传感器是为移动设备而生的,那么 LSM303D 就是为 L3GD20 而生的。他与 L3GD20 一同可以组成完整的 9DOF 航姿传感器系统(IMU),并且其供电、测量精度和数字接口几乎一模一样。这套系统要比 MPU6000 与 HMC5883 的组成总成本更低、测量精度更高,难怪 INVENSENSE 要马不停蹄地退出 MPU9250 系列的单芯片 9DOF 产品与其竞争。

5.2.3 舵机

舵机是一种位置(角度)伺服的驱动器,适用于那些需要角度不断变化并可以保持的控制系统,如图 5-7 所示。目前在高档遥控玩具,如航模、车模、潜艇模型;遥控机器人中已经使用得比较普遍。

舵机一般由舵盘、减速齿轮组、位置反馈电位计、直流电机控制电路板等部分组成。由图 5-8 可以看出,该 Futaba 舵机有三条输入线,分别是信号线、电源线和地线。当信号线有控制信号输入时,控制电路板开始控制直流电机转动,控制线的输入是一个宽度可调的周期性方波脉冲信号,方波脉冲信号的周期 20 ms(即周期为 50 Hz)。当方波的脉冲宽度改变时,舵机转轴的角度发生改变,角度变化与脉冲宽度的变化成正比,该 Futaba 舵机的输出轴转角与输入信号的脉冲宽度之间的关系如图 5-8 所示。

图 5-7　舵机

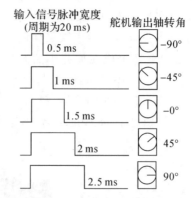

图 5-8　Futaba 舵机的输出轴转角与输入
信号的脉冲宽度之间的关系

其工作原理是:控制信号由接收机的通道进入信号调制芯片,获得直流偏置电压。它内部有一个基准电路,产生周期为 20 ms、宽度为 1.5 ms 的基准信号,将获得的直流偏置电压与电位器的电压比较,获得电压差输出。最后,电压差的正负输出到电机驱动芯片来决定电机的正反转。当电机转速一定时,通过级联减速齿轮带动电位器旋转,使得电压差为 0,电机停止转动。

舵机的控制一般需要一个 20 ms 左右的时基脉冲,该脉冲的高电平部分一般为 0.5～2.5 ms范围内的角度控制脉冲部分。以 180°伺服为例,那么对应的控制关系如下:

0.5 ms——————————————0°;

1.0 ms——————————————45°;

1.5 ms——————————————90°;

2.0 ms——————————————135°;

2.5 ms——————————————180°;

以上只是一种参考数值,具体的参数请参见舵机的技术参数。

5.2.4　飞行控制器

飞行控制器(以下简称"飞控器")是无人机的核心控制枢纽,负责指导控制无人机各部分的工作,并与地面站之间传输数据,同时根据程序中事先编辑好的控制算法和通过接收机收到的来自地面站的飞行指令,保持飞机按照一定的姿态飞行。

在无人机飞行控制系统中,飞行控制器是其核心部件,它负责飞行控制系统信号的采集、控制律的解算、飞机的姿态和速度,以及与地面设备的通信等工作。随着无人机越来越广泛的应用,它所完成的任务也越来越复杂,对无人机的机动性要求也越来越高,这就要求无人机的控制核心向高集成度和小型化方向发展。

飞控器的核心是一个单片机,飞控器的基本硬件构成包括:进行各种信息处理的中央处理单元 CPU;负责将各种传感器采集的信息输出到 CPU 的相关通讯接口单元;实时对各个执行部件进行控制的信号输出单元。它的基本功能有:保持飞机按照设定的高度、航线平稳的飞行;控制飞机按照设定的航向角飞行;控制飞机按照设定的姿态角飞行;实时采集无人机飞行状态参数;通过对传感器输出数据的处理,自动根据需要调节飞行姿态以保持飞机平稳飞行。HGLRC F3 V2 飞控如图 5-9 所示。

图 5-9　HGLRC F3 V2 飞控

(1)飞控系统组成模块

飞控系统的硬件主要包括:主控制模块、信号调理及接口模块、数据采集模块以及舵机驱动模块等。各个功能模块组合在一起,构成飞行控制系统的核心,而主控制模块是飞控系统核心,它与信号调理模块、接口模块和舵机驱动模块相组合,在只需要修改软件和简单改动外围电路的基础上可以满足一系列小型无人机的飞行控制和飞行管理功能要求,从而实现一次开发、多型号使用、降低系统开发成本的目的。系统主要完成如下功能：

1)完成多路模拟信号的高精度采集,包括陀螺信号、航向信号、舵偏角信号、发动机转速、缸温信号、动静压传感器信号、电源电压信号等。由于 CPU 自带 A/D 的精度和通道数有限 ,所以使用了另外的数据采集电路,其片选和控制信号是通过 EPLD 中译码电路产生的。

2)输出开关量信号、模拟信号和 PWM 脉冲信号等能适应不同执行机构(如方向舵机、副翼舵机、升降舵机、气道和风门舵机等)的控制要求。

3)利用多个通信信道,分别实现与机载数据终端、GPS 信号、数字量传感器以及相关任务设备的通信。由于 CPU 自身的 SCI 通道配置的串口不能满足系统要求,设计中使用多串口扩展芯片 28C94 来扩展 8 个串口。

(2)系统软件设计

该系统的软件设计分为 2 部分,即逻辑电路芯片 EPLD 译码电路的程序设计和飞控系统的应用程序设计。

(3)逻辑电路程序设计

用来构成数字逻辑控制电路,完成译码和隔离以及为 A/D,D/A 等提供片选信号和读/写控制信号的功能。

(4)系统应用程序设计

由于 C 语言不但能够编写应用程序、系统程序,还能像汇编语言一样直接对计算机硬件进行控制,编写的程序可移植性强。由于以 DSP 为核心设计的系统中涉及大量对外设端口的操作,以及考虑后续程序移植的工作。

软件按照功能划分为 4 个模块:时间管理模块、数据采集与处理模块、通信模块、控制律解算模块。通过时间管理模块在毫秒级时间内对无人机进行实时控制;数据采集模块采集无人机的飞行状态、姿态参数以及飞行参数、飞行状态及飞行参数进行遥测编码并通过串行接口传送至机载数据终端,通过无线数据信道发送到地面控制站进行飞行监控;姿态参数通过软件内部接口送控制律解算模块进行解算,并将结果通过 D/A 通道送入机载伺服系统,控制舵机运行,达到调整、飞机飞行姿态的目的;通信模块完成飞控计算机与其他机载外设之间的数据交换功能。

5.3 飞控算法

飞控主要的两大算法分别是卡尔曼滤波和 PID 算法这两大算法。现在详细论述各算法的原理、算法流程和应用。

5.3.1 Kalman 滤波(卡尔曼滤波)

滤波一词起源于通信理论,它是从含有干扰的接收信号中提取有用信号的一种技术。"接收信号"相当于被观测的随机过程,"有用信号"相当于被估计的随机过程。例如用雷达跟踪飞机,测得的飞机位置的数据中,含有测量误差及其他随机干扰,如何利用这些数据尽可能准确地估计出飞机在每一时刻的位置、速度、加速度等,并预测飞机未来的位置,就是一个滤波与预测问题。这类问题在电子技术、航天科学、控制工程及其他科学技术部门中都是大量存在的。滤波理论起源于 20 世纪 40 年代美国科学家 Wiener 等人的研究工作,后人统称为维纳滤波理论。从理论上说，维纳滤波的最大缺点是必须无限用到过去的数据，不适用于实时处理。为了克服这一缺点，20 世纪 60 年代 Kalman 把状态空间模型引入滤波理论，并导出了一套递推估计算法，后人称之为卡尔曼滤波理论。

卡尔曼滤波适用于估计一个动态系统的最优状态。即便是观测到的系统状态参数含有噪声，观测值不准确，卡尔曼滤波也能够完成对状态真实值的最优估计。

（1）性质

1）卡尔曼滤波是一个算法，它适用于线性、离散和有限维系统。每一个有外部变量的自回归移动平均系统（ARMAX）或可用有理传递函数表示的系统都可以转换成用状态空间表示的系统，从而能用卡尔曼滤波进行计算。

2）任何一组观测数据都无助于消除 $x(t)$ 的确定性。增益 $K(t)$ 也同样的与观测数据无关。

3）当观测数据和状态联合服从高斯分布时用卡尔曼递归公式计算得到的是高斯随机变量的条件均值和条件方差，从而卡尔曼滤波公式给出了计算状态的条件概率密度的更新过程线性最小方差估计，也就是最小方差估计。

（2）卡尔曼滤波原理

卡尔曼滤波是以最小均方误差为估计的最佳准则，来寻求一套递推估计的算法，其基本思想是：采用信号与噪声的状态空间模型，利用前一时刻的估计值和现时刻的观测值来更新对状态变量的估计，求出现时刻的估计值。它适合于实时处理和计算机运算，如图 5-10 所示。

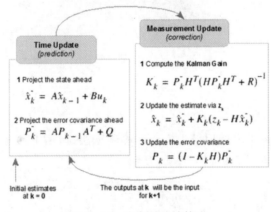

图 5-10　卡尔曼滤波算法

卡尔曼滤波算法的基本假设是，被估计过程为随机噪声影响下的有限阶多维线性动态系统的输出，而被观测的 t 则是 t 的部分分量或其线性函数与量测噪声的叠加，这里并不要求平稳性，但要求不同时刻的噪声值是不相关的。此外，观测只需从某一确定时刻开始，而不必是无穷长的观测区间。更重要的是，适应电子计算机的特点，卡尔曼滤波公式不是将估计值表成观测值的明显的函数形式，而是给出它的一种递推算法（即实时算法）。

具体地说，对于离散时间滤波，只要适当增大的维数，就可以将时刻的滤波值表成为前一时刻的滤波值与本时刻的观测值 t 的某种线性组合。对于连续时间滤波，则可以给出与 t 所应满足的线性随机微分方程。在需要不断增加观测结果和输出滤波值的情形，这样的算法加快了处理数据的速度，而且减少了数据存储量。卡尔曼还证明，如果所考虑的线性系统满足某种"可控性"和"可观测性"（这是现代控制理论中由卡尔曼提出的两个重要概念），那么最优滤波一定是"渐近稳定"的。大致说来,就是由初始误差、舍入误差及其他的不准确性所引起的效应,将随着滤波时间的延长而逐渐消失或趋于稳定,不致形成误差的积累。这在实际应用中是很重要的。

(3)卡尔曼滤波器

斯坦利·施密特(Stanley Schmidt)首次实现了卡尔曼滤波器。卡尔曼在 NASA 埃姆斯研究中心访问时,发现他的方法对于解决阿波罗计划的轨道预测很有用,后来阿波罗飞船的导航电脑使用了这种滤波器。关于这种滤波器的论文由 Swerling (1958),Kalman (1960)与 Kalman and Bucy (1961)发表。

简单来说,卡尔曼滤波器是一个"最优化自回归数据处理算法(optimal recursive data processing algorithm)"。对于解决大部分的问题,它是最优,效率最高甚至是最有用的。他的广泛应用已经超过 30 年,包括机器人导航、控制、传感器数据融合甚至在军事方面的雷达系统以及导弹追踪等等。近来更被应用于计算机图像处理,例如头脸识别,图像分割,图像边缘检测等等。滤波器如图 5-11 所示。

图 5-11 滤波器

5.3.2 PID 算法

PID 控制器是过程控制中应用最为广泛的控制算法,所谓 PID 即比例,积分微分控制的三者组合。PID 控制系统原理图如图 5-12 所示。

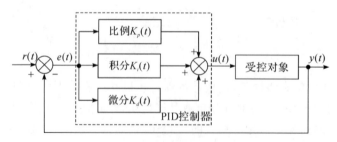

图 5-12 PID 控制系统原理图

(1)反馈制原理

PID 控制其实是对偏差的控制过程;如果偏差为 0,则比例环节不起作用,只有存在偏差时,比例环节才起作用;积分环节主要是用来消除静差,所谓静差,就是系统稳定后输出值和设定值之间的差值,积分环节实际上就是偏差累积的过程,把累计的误差加到原有系统上以抵消系统造成的静差。而微分信号则反映了偏差信号的变化规律,或者说是变化趋势,根据偏差信号的变化趋势来进行超前调节,从而增加了系统的快速性。

(2)PID 控制原理

PID 控制是一种线性控制方法,根据给定的输入 $r(D$ 与实际输出值 $y(D$ 构成制偏差。对偏差进行比例、积分和微分运算,将运算结果相加,就得到 PID 控制的控制输出别为比例增益,积分增益及微分增益。在连续时间域中,其控制算法的表达式。

1)比例(P)控制。比例控制是一种最简单的控制方式。其控制器的输出与输入误差信号成比例关系。当仅有比例控制时系统输出存在稳态误差(Steady‐state error)。

2)积分(I)控制。在积分控制中,控制器的输出与输入误差信号的积分成正比关系。对一个自动控制系统,如果在进入稳态后存在稳态误差,则称这个控制系统是有稳态误差的或简称有差系统(System with Steady‐state Error)。

为了消除稳态误差,在控制器中必须引入"积分项"。积分项对误差取决于时间的积分,随着时间的增加,积分项会增大。这样,即便误差很小,积分项也会随着时间的增加而加大,它推动控制器的输出增大使稳态误差进一步减小,直到等于零。因此,比例+积分(PI)控制器,可以使系统在进入稳态后无稳态误差。

3)微分(D)控制。微分调节就是偏差值的变化率。例如,如果输入偏差值线性变化,则在调节器输出侧叠加一个恒定的调节量。大部分控制系统不需要调节微分时间。因为只有时间滞后的系统才需要附加这个参数。如果画蛇添足加上这个参数反而会使系统的控制受到影响。

5.4　开　源　飞　控

5.4.1　开源的概念

开源包括三个方面的内涵:首先,开源是一个项目(Project)。作为项目,为了吸引更多的有兴趣且热心的技术的和非技术的人们的参与,开源往往有其独特的灵活的项目组织方式和开发流程,这一点和公司截然不同。一般来讲,一个开源项目常常由一个或若干个公司主导,但绝对不会排斥任何其他组织、公司、以及独立开发者的参与。开源项目的管理团队大多通过民主的方式产生。其次,开源是一个社区(Community)。作为社区,开源为开发者、测试者、捐赠者、和用户提供了一个由邮件列表、论坛、IRC 和各种会议构成的交流平台。Open Source 中的 Open 不仅仅是开放的代码,同时也是开放的交流的平台。只要本着相互尊重的原则,技术的、开发的、测试的、使用的、管理的几乎所有的问题都可以是讨论的对象。大家一起出主意、想办法,从各个方面为开源贡献力量。最后,开源是一个产品(Product)。很多时候,开源发布的产品难以满足用户的需求。所以,在不违反相关许可证(License)的条件下,有些公司对其加以定制,就变身为自己的产品或解决方案。当然,有些公司也会反哺开源的 发展。这是一个双赢的良性循环。

开源软件的发展逐渐与硬件相结合,产生了开源硬件。开源硬件的原则声明和定义是开源硬件协会(Open Source HardWare Association,OSHWA)的委员会及其工作组,以及其他更多的人员共同完成的。硬件与软件不同之处是实物资源应该始终致力于创造实物商品。因此,生产在开源硬件(OSHW)许可下的品目(产品)的人和公司有义务明确该产品没有在原设计者核准前被生产,销售和授权,并且没有使用任何原设计者拥有的商标。硬件设计的源代码的特定格式可以被其他人获取,以方便对其进行修改。在实现技术自由的同时,开源硬件提供知识共享并鼓励硬件设计开放交流贸易。

所谓开源飞控就是建立在开源思想基础上的自动飞行控制器项目(Open Source Auto Pilot),同时包含开源软件和开源硬件,而软件则包含飞控硬件中的固件(机载软件)和地面站软件两部分。爱好者不但可以参与软件研发,也可以自制硬件,这样便可以让更多人自由享受该项目的成果。

5.4.2　开源飞控的发展阶段

开源飞控的发展可分为三代:

第一代开源飞控系统使用 Arduino 或其他类似的开源电子平台为基础,扩展连接各种 MEMS 传感器,能够让无人机平稳地飞起来,其主要特点是模块化和可扩展能力。

第二代开源飞控系统大多拥有自己的开源硬件、开发环境和社区,采用全集成的硬件架构,将全部 10DOF 传感器、主控单片机,甚至 GPS 等设备全部集成在一块电路板上,以提高可靠性。它使用全数字三轴 MEMS 传感器组成航姿系统(IMU);能够控制飞行器完成自主航线飞行,同时可加装电台与地面站进行通信,初步具备完整自动驾驶仪的功能。此类飞控还能够支持多种无人设备,包含固定翼飞行器、多旋翼飞行器、直升机和车辆等,并具备多种飞行模式,包含手动飞行、半自主飞行和全自主飞行。第二代飞控的主要特点是高集成性、高可靠性,其功能已经接近商业自动驾驶仪标准。

第三代开源飞控系统将会在软件和人工智能方面进行革新。它加入了集群飞行、图像识别、自主避障、自动跟踪飞行等高级飞行功能,向机器视觉、集群化、开发过程平台化的方向发展。

5.4.3　目前较成熟的开源飞控

(1)Arduino 飞控

Arduino 飞控如图 5 - 13 所示。

图 5 - 13　Arduino 飞控

要谈开源飞控的发展就必须从著名的开源硬件项目 Arduino 谈起。Arduino 是最早的开源飞控,由 Massimo Banzi、David Cuartielles、Tom Igoe、Gianluca Martino、David Mellis 和 Nicholas Zambetti 于 2005 年在意大利交互设计学院合作开发而成。Arduino 公司首先为电子开发爱好者搭建了一个灵活的开源硬件平台和开发环境,用户可以从 Arduino 官方网站取得硬件的设计文档,调整电路板及元件,以符合自己实际设计的需要。

Arduino 可以通过与其配套的 Arduino IDE 软件查看源代码并上传自己编写的代码,Arduino IDE 使用的是基于 C 语言和 C++的 Arduino 语言,十分容易掌握,并且 Arduino IDE 可以在 Windows、Macintosh OSX 和 Linux 三大主流操作系统上运行。

随着该平台逐渐被爱好者所接受,各种功能的电子扩展模块层出不穷,其中最为复杂的便是集成了 MEMS 传感器的飞行控制器。为了得到更好的飞控设计源代码,Arduino 公司决定开放其飞控源代码,他们开启了开源飞控的发展道路。著名的开源飞控 WMC 和 APM 都是 Arduino 飞控的直接衍生产品,至今仍然使用 Arduino 开发环境进行开发。

(2)APM 飞控

APM(ArduPilotMega)是在 2007 年由 DIY 无人机社区(DIY Drones)推出的飞控产品,是当今最为成熟的开源硬件项目。APM 基于 Arduino 的开源平台,对多处硬件做出了改进,包括加速度计、陀螺仪和磁力计组合惯性测量单元(IMU)。由于 APM 良好的可定制性,APM 在全球航模爱好者范围内迅速传播开来。通过开源软件 Mission Planner,开发者可以配置 APM 的设置,接受并显示传感器的数据,使用 google map 完成自动驾驶等功能,但是 Mission Planner 仅支持 windows 操作系统。

APM 飞控系统是国外的一个开源飞控系统,能够支持固定翼、直升机、3 轴、4 轴、6 轴飞行器,在此介绍固定翼飞控系统。APM 飞控系统主要结构和功能见表 5-3.

表 5-3　APM 飞控系统主要结构和功能

	组　成	功　能
飞控主芯片	Atmega1280/2560	主控芯片
PPM 解码芯片	Atmega168、328	负责监视模式通道的 pwm 信号监测,以便在手动模式和其他模式之间进行切换。提高系统安全
惯性测量单元	双轴陀螺,单轴陀螺,三轴加速度计	测量三轴角速度,三轴加速度,配合三轴磁力计或 gps 测得方向数据进行校正,实现方向余弦算法,计算出飞机姿态
GPS 导航模块	lea-5h 或其他信号 gps 模块	测量飞机当前的经纬度,高度,航迹方向(track),地速等信息
三轴磁力计模块	HMC5843/5883 模块	测量飞机当前的航向(heading)
空速计	MPXV7002 模块	测量飞机空速(误差较大,而且测得数据不稳定,会导致油门一阵一阵变化)
空压计	BMP085 芯片	测量空气压力,用以换算成高度

APM 自动驾驶仪套件包括以下几项:

1)硬件。由 3DRobotics 设计、制造和销售的嵌入式系统与外围传感器。想象一下硬件当作大脑,眼睛,耳朵等。几乎任何可移动的机器都可以变成机器人,只要简单地整合进一个很小的硬件。APM 飞控板如图 5-14 所示。

图 5-14　APM 飞控板

2)固件。植入硬件的"技能组合"。你来选择固件与载具来配合你的任务。飞机,飞行器,无人车⋯⋯选择权在你的手里,一个适用于任何任务的自动驾驶仪。赋予你的硬件新的用途你所需要做的只是简单的固件升级。

3)软件。你与硬件交互的界面。最初的安装,配置,与测试。任务计划/操作与任务后分析。即点即得的直观的与你的硬件互动,或自定义合适的任务配置文件脚本。选项就是 APM 的全部。APM 地面站软件 MissionPlanner 如图 5-15 所示。

图 5-15　APM 地面站软件 MissionPlanner

4)社区。是它让 APM 从市场上的闭源产品中脱颖而出。一个不断演进的创新与知识库。DIY Drones 社区为 APM 提供了灵感与生命之源。全面的特性列表不断地从社区的需求中产生。

目前 APM 飞控已经成为开源飞控成熟的标杆,可支持多旋翼、固定翼、直升机和无人驾驶车等无人设备。针对多旋翼,APM 飞控支持各种 4、6、8 轴产品,并且连接外置 GPS 传感器以后能够增稳,并完成自主起降、自主航线飞行、回家、定高、定点等丰富的飞行模式。APM 能够连接外置的超声波传感器和光流传感器,在室内实现定高和定点飞行。

（3）PX4 和 PIXHawk

PX4 是一个软硬件开源项目（遵守 BSD 协议）（见图 5-16），目的在于为学术、爱好和工业团体提供一款低成本、高性能的高端自驾仪。这个项目源于苏黎世联邦理工大学的计算机视觉与几何实验室、自主系统实验室和自动控制实验室的 PIXHawk 项目。PX4FMU 自驾仪模块运行高效的实时操作系统（RTOS），Nuttx 提供可移植操作系统接口（POSIX）类型的环境。例如：printf()、pthreads、/dev/ttyS1、open()、write()、poll()、ioctl() 等。软件可以使用 USB bootloader 更新。PX4 通过 MAVLink 同地面站通讯，兼容的地面站有 QGroundControl 和 Mission Planner，软件全部开源且遵守 BSD 协议。

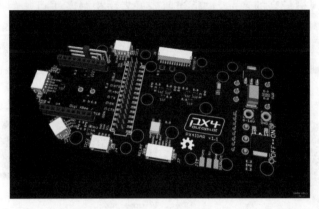

图 5-16　PX4

PX4 是平台无关的自动驾驶仪软件（或称为固件），可以驱动无人机或无人车。它可以被烧写在某些硬件（如 Pixhawk v2），并与地面控制站在一起组成一个完全独立的自动驾驶系统。

PX4 地面控制站被称为 QGroundControl，是 PX4 自驾系统不可分割的一部分，可以运行在 Windows，OS X 或 Linux 等多个平台。使用 QGroundControl，可以将 PX4 固件烧写到硬件，设置机器，改变不同的参数，获得实时航班信息，创建和执行完全自主的任务，如图 5-17 所示。

图 5-17　QGroundControl 主界面

为了能够对 PX4 进行配置、控制及交互，需要先对其进行连接。对于 Pixhawk 硬件有三种类型的连接：

1）遥控连接：过无线电实现遥控器对飞控的连接。

2）数据连接：用数传、Wi-Fi 或者 USB 线对 QGroundControl 地面站和无人机进行的连接。

3）机外连接：X4 和外部能够控制 PX4 的微机之间的数据连接。

由 3DR 联合 APM 小组与 PX4 小组于 2014 年推出的 PIXHawk 飞控（见图 5-18）是 PX4 飞控的升级版本，拥有 PX4 和 APM 两套固件和相应的地面站软件。该飞控是目前全世界飞控产品中硬件规格最高的产品，也是当前爱好者手中最炙手可热的产品。PIXHawk 拥有 168MHz 的运算频率，并突破性地采用了整合硬件浮点运算核心的 Cortex-M4 的单片机作为主控芯片，内置两套陀螺和加速度计 MEMS 传感器，互为补充矫正，内置三轴磁场传感器并可以外接一个三轴磁场传感器，同时可外接一主一备两个 GPS 传感器，在故障时自动切换。

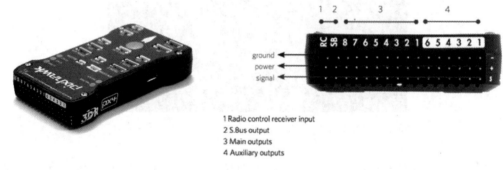

1 Radio control receiver input
2 S.8us output
3 Main outputs
4 Auxiliary outputs

图 5-18　PIXHawk 飞控

基于其高速运算的核心和浮点算法，PIXHawk 使用最先进的定高算法，可以仅凭气压高度计便将飞行器高度固定在 1m 以内。它支持目前几乎所有的多旋翼类型，甚至包括三旋翼和 H4 这样结构不规则的产品。它使飞行器拥有多种飞行模式，支持全自主航线、关键点围绕、鼠标引导、"FollowMe"、对尾飞行等高级的飞行模式，并能够完成自主调参。

PIXHawk 的所有硬件都是透明的，它用的是什么芯片和传感器一目了然，所有的总线和外设都进行引出，不但以后可以兼容一些其他外设，而且对于有开发能力的用户提供了方便。PIXHawk 是一个双处理器的飞行控制器，一个擅长于强大运算的 32 bit STM32F427 Cortex M4 核心 168 MHz/256 KB RAM/2 MB Flash 处理器，还有一个主要定位于工业用途的协处理器 32bit STM32F103，它的特点就是安全稳定。所以就算主处理器死机了，还有一个协处理器来保障安全。

PIXHawk 飞控的开放性非常好，几百项参数全部开放给玩家调整，靠基础模式简单调试后亦可飞行。PIXHawk 集成多种电子地图，爱好者们可以根据当地情况进行选择。

（4）OpenPilot 与 Taulabs

OpenPilot 是由 OpenPilot 社区于 2009 年推出的自动驾驶仪项目，旨在为社会提供低成本但功能强大的稳定型自动驾驶仪。这个项目由两部分组成，包括 OpenPilot 自驾仪与其相配套的软件。其中，自驾仪的固件部分由°c 语言编写，而地面站则用 C++编写，并可在 Windows、Macintosh OSX 和 linux 三大主流操作系统上运行。

OpenPilot 的最大特点是硬件架构非常简单，从它目前拥有的众多硬件设计就可以看出其与众不同之处。官方发布的飞控硬件包括 CC、CC3D、ATOM、Revolution、Revolution nano 等，衍生硬件包括 Sparky、Quanton、REVOMINI 等，甚至包含直接使用 STM32 开发板扩展而成的 FlyingF3、FlyingF4、DiscoveryF4 等，其中 CC3D 已经是 300mm 以下轴距穿越机和超小室内航模的首选飞控，而 DiscoveryF4 被大量用于爱好者研究飞控，Quanton 更是成为了 Taulabs 的首选硬件。

现在来说说 Openpilot 旗下最流行的硬件 CC3D。此飞控板只采用一颗 72MHz 的 32 位 STM32 单片机和一颗 MPU6000 就能够完成四旋翼、固定翼、直升机的姿态控制飞行（注意，该硬件可进行的是三自由度姿态控制，而不是增稳），电路板大小只有 35mm×35mm。与所有开源飞控不同，它不需要 GPS 融合或者磁场传感器参与修正，就能保持长时间的姿态控制。以上所有功能全部使用一个固件，通过设置便可更改飞机种类、飞行模式、支持云台增稳等功能。其编译完的固件所需容量只有大约 100KB，代码效率令人惊叹，是所有飞控程序员学习的楷模。其地面站软件集成了完整的电子地图，可以通过电台实时监测飞机状态。

TauLabs 飞控是 OpenPilot 飞控的衍生产品。当前 TauLabs 最流行的硬件叫做 Quanton，由原 OpenPilot 飞控小组成员独立完成。它继承了 OpenPilot 简单高效的特点，并扩展了气压高度计和三轴磁场传感器，将主控单片机升级为带有硬件浮点运算的 Cortex—M4 核心。该飞控是最早支持自动调参的开源飞控产品，带有模型辨识算法，能够在飞行中进行自整定姿态 PID 控制参数。TauLabs 能够完成许多高级飞行模式，连接外置 GPS 后可使多旋翼具备定高、定点、回家等功能。飞控集成了电子地图，且界面非常友好，使用向导模式进行初始化，初学者可以简单上手。

（5）MultiWiiCopter(MWC)

MultiWiiCopter(MWC)飞控是一款典型的 Arduino 衍生产品，是专为多旋翼开发的低成本飞控，它完整地保留了 Arduino IDE 开发和 Arduino 设备升级和使用的方法。由于成本低、架构简单、固件比较成熟，因此该飞控在国内外拥有大量爱好者。除了支持常见的四、六、八旋翼以外，该飞控的最大特点是支持很多奇特的飞行器类型，比如三旋翼、阿凡达飞行器(BIcopter avatar style)、Y4 型多旋翼（其中两轴为上下对置）等，使得该飞控的开发趣味性较强，容易博得大家的喜爱。

（6）KKMultiCopter

KK 飞控是源于韩国的一款开源飞控项目，也是第一种广为大众接受的多旋翼飞控，在开源飞控发展的初期，该飞控的横空出世对整个四旋翼行业是一种震撼。该飞控只使用三个成本低廉的单轴陀螺，配合一台最简单的四通道遥控设备，就能控制常见的三、四、六旋翼飞行器，并且支持"十字"型，X 型、H 型和上下对置等多种布局。该飞控使用三个可调电阻调整感度作为调参方法，保留了早期航模陀螺仪的特征。作为多旋翼飞控起始的重要见证，这款"古董"级经典飞控，依然拥有众多玩家。

（7）Paparazzi(PPZ)

PPZ 是一个软硬件全开源的项目，它始于 2003 年，开发目标是建立一个配置灵活且性能强大的开源飞控项目。PPZ 的一大特点是，该开源飞控方案中除了常见的飞控硬件、飞控软件和地面站软件之外，还包含地面站硬件，包括各种调制解调器、天线等设备。从功能上讲，PPZ 已经接近一个小型的无人机系统了。

该开源项目的另一个特点是采用 ubuntu 操作系统，它将全部地面站软件和开发环境集成于该系统下，官方称之为 Live CD。一张 CD 加飞控硬件就可完成从开发到使用的全部工作。

PPZ 目前最流行的硬件版本是 Paparazzi(PPZ)Lisa/M v2.0。该硬件拥有大量的扩展接口，并且使用可扩展的单独的 IMU 传感器板。这也是早期开源飞控比较流行的做法，这样可以像 DIY 台式计算机那样，随着传感器升级而不断升级 IMU 硬件。

（8）Autoquad 飞控和 ESC32 电调

Autoquad 飞控来自德国，作为早期开源飞控，Autoquad 功能非常强大，但是受限于当时的传感器产品，它不得不采用大量模拟 MEMS 传感器。所谓模拟传感器指的是传感器芯片内部不集成数模转换器（ADC）和运算核心，而直接将微机械传感器的变化通过放大和硬件滤波后以电压的形式输出，需要主控单片机进行 AD 采集。因为传感器在不同温度环境下，输出值会受到影响，模拟 MEMS 传感器给参数校准带来了不少麻烦。很多玩家在第一次使用该飞控时，不得不借助电冰箱来进行传感器校准，而一些厂家为了保证批量产品的稳定性，只能在飞行器上对电路板进行加温，使其保持温度恒定。

但是，这种校准方法却为一些骨灰级玩家带来了额外的乐趣，很多人反而乐此不疲。对于大多数普通爱好者而言，这实在是一项难度不小的工作。随着带有出厂校准的数字传感器的普及，Autoquad 作为历史的积淀，也完成了它的使命。

但是，该开源项目的另一个分支 ESC32 电调却逐渐在玩家中被接受了。该电调是第一个采用数字接口进行控制的电调产品，玩家可以通过串口、I2C 接口和 CAN 接口来控制电机的转速，这比传统的 PWM 接口信息速度要快很多倍。常见的 PWM 电调波形更新速度为每秒钟四百次，而数字接口的更新速度可达到百万次。尤其是对于动力变化非常敏感的多旋翼飞行器来说，这种高速通信是非常必要的。该电调还支持转速闭环，并且能够针对电机进行详细调参，这些功能都是传统航模电调不能比拟的。

当然，Autoquad 也在进步，它发布了全新的飞控产品 Autoquad M4，对主控单片机和传感器进行了全面升级，采用常见的 STM32F4 单片机和数字传感器。但是面对 PIXHawk、APM 等已经成熟多年的先进飞控产品，它已经从前辈沦落为后起之秀。

课 后 练 习

1.简述无人机飞行控制系统的主要功能。

2.试简述无人机飞行控制系统的基本原理。

3.常用的多旋翼飞行控制系统主要包括哪些控制回路？试简述它们的主要作用。

4.无人机飞行控制系统主要由哪些部分组成，分别有什么作用？

5.什么是传感器融合，加速计可以测量倾斜角吗？

6.飞控系统的硬件、软件分别包括什么？

7.无人机飞行控制系统的算法主要包括哪些算法，试简述它们的算法机制。

8.在学习的过程中你使用过开源的飞控吗？如果有，请简述它们的优点。

第6章 无人机导航系统

内容提示

一般来说,无人驾驶飞行器的导航定位装置大致可分为自主式与非自主式两类。采用线控和遥控方式的无人机,基本上都是在目视或无线电测控系统能够"观察"到的范围内飞行,可以不带专门的机载导航定位设备,其航线和飞行状态的修正由地面操纵员适时控制。

远程无人机在执行任务时,其活动半径往往已超出地面站观察和测控的范围(使用卫星通信和中继通信的除外),所以,需要采用自主导航方式,由机载导航设备(如惯导、GPS 导航系统等)独立完成精确导航任务。

教学要求

(1)掌握无人机导航系统的分类和应用场合。
(2)掌握四大全球导航系统的发展现状。
(3)了解 GPS,GLONASS、北斗、GALILEO 的定位原理。

内容框架图

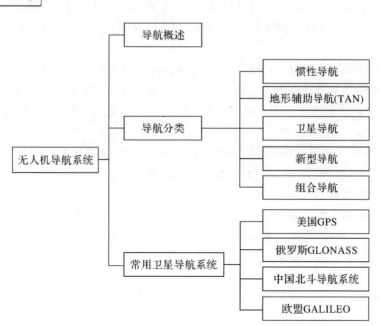

6.1 导 航 概 述

无人机导航系统和控制系统是两个独立的系统,但两者又相互联系:导航系统提供给控制系统无人机动力学模型状态的观测值,从而得到控制信号(在固定翼中即为舵角,在多旋翼中为电机转速);控制系统提供控制信号,使无人机按设定轨迹运动,而导航系统又感测无人机的运动信号,得到导航参数。这样导航系统和控制系统构成了一个完整的闭环系统。

导航系统在无人机中应用的一个主要目的是提供给控制系统准确的无人机动力学模型的观测值,然后由控制系统给出控制舵角,使得无人机按设定轨迹航行。惯性组合导航系统可以全状态观测无人机模型的各个状态,这使得无人机控制系统设计脱离了传统的飞行器控制器设计的局限。从这个意义上讲,无人机导航与控制一体化研究更能体现惯性组合导航在无人机中应用的意义。同时,由于导航系统的导航参数存在一定的导航误差,这对无人机控制系统的鲁棒性是一个考验。

6.2 导 航 分 类

6.2.1 惯性导航

惯性导航(inertial navigation):通过测量飞行器的加速度,并自动进行积分运算,获得飞行器瞬时速度和瞬时位置数据的技术。

1.惯性导航的发展

17 世纪,牛顿研究了高速旋转刚体的力学问题,牛顿力学定律是惯性导航的理论基础。

1852 年傅科称这种刚体为陀螺,后来制成供姿态测量用的陀螺仪。

1906 年 H.安休兹制成陀螺方向仪,其自转轴能指向固定的方向。

1907 年 H.安休兹又在方向仪上增加摆性,制成陀螺罗盘。这些成果成为惯性导航系统的先导。

1923 年 M.舒拉发表"舒拉摆"理论,解决了在运动载体上建立垂线的问题,使加速度计的误差不致引起惯性导航系统误差的发散,为工程上实现惯性导航提供了理论依据。

1954 年惯性导航系统在飞机上试飞成功。1958 年,"舡鱼"号潜艇依靠惯性导航穿过北极在冰下航行 21 天。

中国从 1956 年开始研制惯性导航系统,自 1970 年以来,在多次发射的人造地球卫星和火箭以及各种飞机上,都采用了本国研制的惯性导航系统。

2.惯性导航的原理

惯性导航的基本工作原理是以牛顿力学定律为基础,通过测量载体在惯性参考系的加速度,将它对时间进行积分,且把它变换到导航坐标系中,就能够得到在导航坐标系中的速度、偏航角和位置等信息。惯性导航系统属于一种推算导航方式:即从一已知点的位置根据连续测得的运载体航向角和速度推算出其下一点的位置,从而可连续测出运动体的当前位置。惯性导航系统中的陀螺仪用来形成一个导航坐标系使加速度计的测量轴稳定在该坐标系中并给出航向和姿态角;加速度计用来测量运动体的加速度经过对时间的一次和分得到速度,速度再经过对时间的一次积分即可得到距离。

3.组成及分类

惯性导航系统通常由惯性测量装置、计算机、控制显示器等组成。惯性测量装置包括加速度计和陀螺仪，又称惯性导航组合。三个自由度陀螺仪用来测量飞行器的三个转动运动；三个加速度计用来测量飞行器的三个平移运动的加速度；计算机根据测得的加速度信号计算出飞行器的速度和位置数据。控制显示器显示各种导航参数，实现功能。

常用的惯导系统分为平台式和捷联式。

(1)平台式惯性导航

平台式惯性导航系统是将陀螺仪和加速度等惯性元件通过万向支架角运动隔离系统与运动载物固联的惯性导航系统如图 6-1 所示。即有实体的物理平台，陀螺和加速度计置于陀螺稳定的平台上，该平台跟踪导航坐标系，以实现速度和位置解算，姿态数据直接取自于平台的环架。惯性平台的结构如图 6-2 所示。

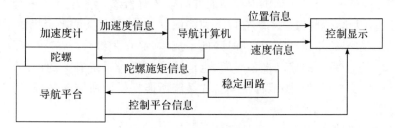

图 6-1　平台式惯导原理示意

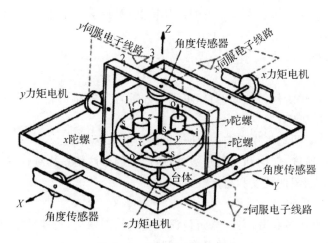

图 6-2　惯性平台的结构

(2)捷联式惯性导航(strap-down inertial navigation)

捷联惯导系统(SINS)是在平台式惯导系统基础上发展而来的，它是一种无框架系统，由三个速率陀螺、三个线加速度计和微型计算机组成。陀螺和加速度计直接固连在载体上作为测量基准，它不再采用机电平台，惯性平台的功能由计算机完成，即在计算机内建立一个数学平台取代机电平台的功能，其飞行器姿态数据通过计算机计算得到，故有时也称其为"数学平台"。捷联式惯导原理如图 6-3 所示。

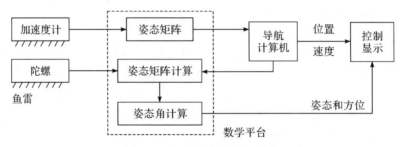

图 6-3 捷联式惯导原理示意

捷联惯导系统和平台式惯导系统一样,能精确提供载体的姿态、地速、经纬度等导航参数。但平台式惯导系统结构较复杂、可靠性较低、故障间隔时间较短、造价较高,为可靠起见,通常在一个运载体上要配用两套惯导装置,这就增加了维修和购置费用。

在捷联惯导系统中,由于计算机中存储的方向余弦解析参考系取代了平台系统以物理形式实现的参考系,因此,捷联惯导系统有以下独特优点:去掉了复杂的平台机械系统,系统结构极为简单,减小了系统的体积和重量,同时降低了成本,简化了维修,提高了可靠性;无常用的机械平台,缩短了整个系统的启动准备时间,也消除了与平台系统有关的误差;无框架锁定系统,允许全方位(全姿态)工作;除能提供平台式系统所能提供的所有参数外,还可以提供沿弹体三个轴的速度和加速度信息。

但是,由于在捷联惯导系统中,惯性元件与载体直接固连,其工作环境恶劣,对惯性元件及机(弹)载计算机等部件也提出了较高的要求:要求加速度表在宽动态范围内具有高性能、高可靠性,且能数字输出;为了保证大攻角下的计算精度,对计算机的速度和容量都提出了较高的要求。

4. 惯性导航优缺点

(1)优点

1)由于它是不依赖于任何外部信息、也不向外部辐射能量的自主式系统,故隐蔽性好,也不受外界电磁干扰的影响;

2)可全天候、全时间地工作于空中、地球表面乃至水下;

3)能提供位置、速度、航向和姿态角数据,所产生的导航信息连续性好而且噪声低;

4)数据更新率高、短期精度和稳定性好。

(2)缺点

1)由于导航信息经过积分而产生,定位误差随时间而增大,长期精度差;

2)每次使用之前需要较长的初始对准时间;

3)设备的价格较昂贵;

4)不能给出时间信息。

5. 惯性导航的应用

美军所谓的新一代导航系统其实质是一种基于现代原子物理最新技术成就的微型惯性导航系统,惯性导航系统是人类最早发明的导航系统之一。早在 1942 年德国在 V-2 火箭上就首先应用了惯性导航技术,而美国国防部高级研究计划局新一代导航系统主要通过集成在微型芯片上的原子陀螺仪、加速器和原子钟精确测量载体平台相对惯性空间的角速率和加速度信息,利用牛顿运动定律自动计算出载体平台的瞬时速度、位置信息并为载体提供精确的授时服务。有资料显示,2003 年美国国防部就斥资千万开始对原子惯性导航技术的研制,该技术一旦研制成功,将会使惯性导航达到前所未有的精度。具体来说,将会比目前最精准的军用惯性导航的精度还要高出 100 到 1000 倍,而这将会对军用定位、导航领域带来革命性影响。由于该导航系统具有体积小、成本低、精度高、不依赖外界信息、不向外界辐射能量、抗干扰能力极强、隐蔽性好等特点,很有可能成为 GPS 技术的替代者。

6.2.2　地形辅助导航(TAN)

1. 发展

利用地形特征对飞机进行导航是人们所熟知的最古老的导航技术,从 19 世纪末飞机出现起,飞行员就通过目视地形、地物进行导航。然而,现代地形辅助导航(Terrain‐aided Navigation,TAN)技术与古老的地形导航技术截然不同,它把地形数据库与地形匹配概念结合起来,使导航定位性能达到了前所未有的精度。TAN 技术已经和卫星导航、惯性导航等一样构成了当今重要的军事导航技术领域。

现代地形辅助导航是指飞行器在飞行过程中,利用预先储存的飞行路线中某些地区的特征数据,与实际飞行过程中测量到的相关数据进行不断比较来实施导航修正的一种方法。通常以附加的模块或软件的形式装入现有的 INS(Inertial Navigation System 惯性导航系统)和雷达高度表或新的装置中。

2. 分类

TAN 系统的种类很多,但基本上可以分成两类:以地形标高剖面图为基础的;以从数字地图导出的地形斜率为基础的。

它们都包含有地形特征传感设备、推算导航设备、数字地图存储装置和数据处理装置 4 部分。地形特征传感设备(如雷达高度表、气压高度表和大气数据计算机)测量出飞行器下方的地形剖面或其他特征,推算导航设备(如 INS,多普勒导航雷达)估算出的地形特征位置,再以这个估算位置为基础,在数字地图存储装置中搜索出能与雷达高度表测得的地形特征有最好拟合的地形特征,这个地形特征在数字地图中所处的位置,便是飞行器的实际位置,然后再用这个精确位置数据对推算导航设备(如 INS)进行修正,如此不断迭代,就能使飞行器连续不断获得任一时刻的精确位置。

3. 三种相对成熟的 TAN 系统

(1)地形轮廓匹配(TERCOM)系统

TERCOM(terrain cantour matching)算法,即地形轮廓匹配算法。气压式高度表经惯性平滑后所得绝对高度和雷达高度表实测相对高度相减得到实际高程剖面或序列,与根据 INS 位置信息和地形高程数据库所得的计算地形高程剖面(序列),按一定算法作相关分析,所得相关极值点(即有最好拟合的点)对应的位置就是匹配后的真实位置。再采用卡尔曼滤波技术,利用位置误差的观测量对 INS 位置误差、速度误差、陀螺漂移误差以及平台误差角做出估计,从而对 INS 的导航状态进行修正,得到最优导航状态。TERCOM 算法原理如图 6‐4 所示,地形轮廓匹配如图 6‐5 所示。

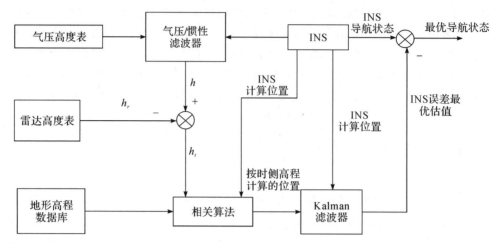

图 6-4　TERCOM 算法原理图

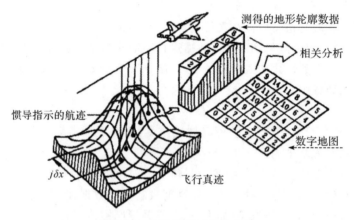

图 6-5　地形轮廓匹配示意图

（2）景象匹配

景象相关是另一种相关分析法，又称为地表二维图像相关。它可以通过一个数字景象匹配区域相关器将载体飞越区域的景象与预存在计算机中有关地区的数字景象进行匹配，从而获得很高的导航精度。由于地形高度相关特别适合于山丘地形，而景象相关则特别适用于平坦地形，且具有更高的定位精度（可达到几米），因此将两者结合起来可获得最佳的匹配效果。

（3）惯性地形辅助导航系统（SITAN）

SITAN(Sandia terrain-aided navigation system)算法是美国桑地亚实验室研制的桑地亚惯性地形辅助导航算法，它采用了广义递推卡尔曼滤波算法，具有更好的实时性。根据 INS 输出的位置可在数字地图上找到地形高程，而 INS 输出的绝对高度与地形高程之差为飞行器相对高度的估计值，它与雷达高度表实测相对高度之差就是卡尔曼滤波的量测值。由于地形的非线性特性导致了量测方程的非线性，采用地形随机线性化算法可实时地获得地形斜率，得到线性化的量测方程；结合 INS 的误差状态方程，经卡尔曼滤波递推算法可得导航误差状态的最优估值，采用输出校正可修正 INS 的导航状态，从而获得最优导航姿态。SITAN 算法原理框图如图 6-6 所示。

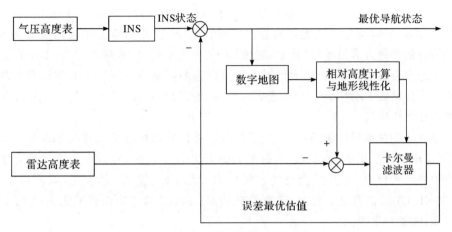

图 6-6　SITAN 算法原理框图

6.2.3　卫星导航

全球卫星导航系统(the Global Navigation Satellite System),也称为全球导航卫星系统,是能在地球表面或近地空间的任何地点为用户提供全天候的三维坐标和速度以及时间信息的空基无线电导航定位系统。

卫星导航系统已经在航空、航海、通信、人员跟踪、消费娱乐、测绘、授时、车辆监控管理和汽车导航与信息服务等方面广泛使用,而且总的发展趋势是为实时应用提供高精度服务。目前世界上投入运营的有四种卫星导航系统:

1)美国全球定位系统 GPS:由 24 颗卫星组成,分布在 6 条交点互隔 60°的轨道面上,精度约为 10 m,军民两用,目前正在试验第二代卫星系统;

2)俄罗斯 GLONASS 系统:由 24 颗卫星组成,精度在 10 m 左右,军民两用;

3)欧洲 GALILEO 系统:由 30 颗卫星组成,定位误差不超过 1 m,主要为民用。2005 年首颗试验卫星已成功发射。

4)中国 BDS 系统:由 5 颗静止轨道卫星和 30 颗非静止轨道卫星组成,定位精度 10 m。2008 年左右覆盖中国及周边地区,然后逐步扩展为全球卫星导航系统。

6.2.4　新型导航

1.多信息源定位

英国军方 BAE 最近公布了他们研发的名为 NAVSOP(Navigation via Signals of Opportunity)技术,该技术将利用包括 TV、收音机、Wi-Fi 等信息进行定位,弥补 GPS 的不足。

2.UWB 无线定位

UWB(Ultra Wideband,超宽带)信号具有低成本、抗多径干扰、穿透能力强的优势,因此适用于静止或者移动物体以及人的定位跟踪,提供十分精确的定位精度,静态精度可达 10 厘米。通过与惯性导航传感器融合,UWB 可以提供更高的精度、更强的鲁棒性。

3.视觉(光流)＋超声波＋惯导

对于多旋翼无人机,在飞行过程中,快速且准确地获取自身速度能有效地提高多旋翼控制的稳定性(提高阻尼),从而达到更好的悬停和操控效果,因此测速工作起到了十分重要的作用。比较精确的测速方案是通过"视觉(光流)＋超声波＋惯导"的融合。Ar.Drone 是最早采用该项技术的多旋翼飞行器,它极大地提升了飞行器的可操控性。PX4 自驾仪开源项目提供了开源的光流传感器 PX4Flow。该传感器可以帮助多旋翼在无 GPS 情况下实现精确悬停。

4.深度相机避障技术

它的原理是先对场景投影结构光,然后分析红外传感器接收的反光得到深度信息。微软在 2010 年推出了深度相机 Kinect。然而 Kinect 体积还是较大,并且在两米之外才能准确地识别用户手势。2014 年,芯片厂商英特尔推出 RealSense 传感器,体积更小,使用距离更短。在 2015 年 CES 美国消费电子展上,英特尔把 RealSense 技术也应用到了无人机上,以用于感知周围环境,进而自主避障。

5.声呐系统避障技术

Panoptes 公司拟推出 Bumper4 避障系统。它由指向多个方向的超声波传感器组成,通过测量多个方向的距离来判断障碍。

6."视觉＋忆阻器"避障技术

美国 "Bio Inspired" 公司期望利用视觉和忆阻器(具有短期记忆效果的电阻器)使系统具备识别和短期记忆功能,从而使无人机拥有避障的能力。

7.双目视觉避障技术

美国的 Skydio 公司采用两个普通的摄像头充当无人机的"眼睛"并研发出识别障碍软件,从而使多旋翼无人机能够具备识别障碍的能力,进而实现自我导航。

8.微小型雷达

Echodyne 公司利用一台四轴无人机展示了它的小型电子扫描雷达。它可追踪地面上的某个人,或是在飞行中躲避障碍物,不过目前它仍然处于原型阶段。他们试图将这款雷达的尺寸缩小到只有一台 iPhone6 Plus 大小,且重量不超过 1 lb。

6.2.5　组合导航

不管惯性器件的精度多高,由于陀螺漂移和加速度计的误差随时间逐渐积累(这也是纯惯导系统的主要误差源之一,它对位置误差增长的影响是时间的三次方函数),惯导系统长时间运行必将导致客观的积累误差。因此,目前人们在不断探索提高自主式惯导系统的精度外,还在寻求引入外部信息,形成组合式导航系统,这是弥补惯导系统不足的一个重要措施。

组合导航系统通常以惯导系统作为主导航系统,而将其他导航定位误差不随时间积累的导航系统如无线电导航、天文导航、地形匹配导航、GPS 等作为辅助导航系统,应用卡尔曼滤波技术,将辅助信息作为观测量,对组合系统的状态变量进行最优估计,以获得高精度的导航信号。这样,既保持了纯惯导系统的自主性,又防止了导航定位误差随时间积累。组合导航系统不仅在民用上而且在军事上均具有重要意义。

随着 GPS 的普及,SINS/GPS 组合导航系统显示出巨大的发展潜力。该组合导航系统由 GPS 提供三维位置、三维速度和精确的时间信息,系统的核心是卡尔曼滤波器,它是在线性最小方差下的最优估计。美国海军在海湾战争发射的"斯拉姆"导弹的惯导系统采用了 GPS 技术,其命中精度达 10～15 m 之内;美国于 20 世纪 80 年代研制的已在"三叉戟"核潜艇上部署的射程达 11 110 km 的"三叉戟 2"D-5 战略导弹,采用了 CNS/INS(天文导航系统/惯性导航系统)组合导航系统,其导弹落点圆周概率(CEP)小于 185m。

6.3　常用导航系统

6.3.1　GPS 全球定位系统

全球定位系统(Global Positioning System,GPS)是一种结合卫星及通信发展的技术,利用导航卫星进行测时和测距。

1. 发展

美国从 20 世纪 70 年代开始研制全球卫星定位系统,历时 20 余年,耗资 200 亿美元,于 1994 年全面建成。GPS 具有海陆空全方位实时三维导航与定位能力的新一代卫星导航与定位系统。经过近十年我国测绘等部门的使用表明,GPS 以全天候、高精度、自动化、高效益等特点,成功地应用于大地测量、工程测量、航空摄影、运载工具导航和管制、地壳运动测量、工程变形测量、资源勘察、地球动力学等多种学科,取得了好的经济效益和社会效益。

2. 组成

GPS 全球定位系统主要由空间部分、地面控制部分和用户设备部分组成,如图 6-7 所示。

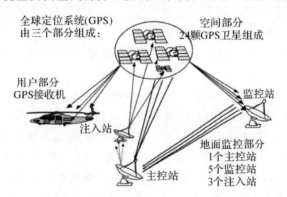

图 6-7　全球定位系统的三个组成部分

(1)空间部分

GPS 的空间部分是由 24 颗工作卫星组成,它位于距地表 20 200 km 的上空,均匀分布在 6 个轨道面上(每个轨道面 4 颗),轨道倾角为 55°。此外,还有 4 颗有源备份卫星在轨运行。卫星的分布使得在全球任何地方、任何时间都可观测到 4 颗以上的卫星,并能保持良好定位解算精度的几何图像。这就提供了在时间上连续的全球导航能力。

GPS 卫星产生两组电码,一组称为 C/A 码(Coarse/Acquisition 码率 1.023MHz);一组称为 P 码(Procise Code 码率 10.23MHz),P 码频率较高,不易受干扰,定位精度高,因此受美国军方管制,并设有密码,一般民间无法解读,主要为美国军方服务。C/A 码人为采取措施而刻意降低精度后,主要开放给民间使用。GPS 卫星星座图如图 6-8 所示。

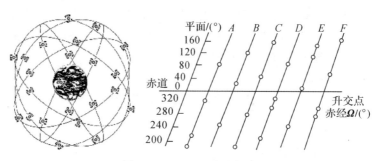

图 6-8　GPS 卫星星座图

（2）地面控制部分

地面控制部分由 1 个主控站,5 个全球监测站和 3 个注入站组成,如图 6-9 所示。

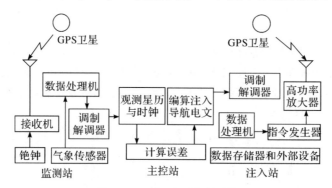

图 6-9　GPS 地面控制系统

监测站均配装有精密的铯钟和能够连续测量到所有可见卫星的接收机。监测站将取得的卫星观测数据,包括电离层和气象数据,经过初步处理后,传送到主控站。主控站从各监测站收集跟踪数据,计算出卫星的轨道和时钟参数,然后将结果送到 3 个地面控制站。地面控制站在每颗卫星运行至上空时,把这些导航数据及主控站指令注入卫星。

对于导航定位来说,GPS 卫星是一动态已知点。卫星的位置是依据卫星发射的星历(描述卫星运动及其轨道的参数)算得的。每颗 GPS 卫星所播发的星历,是由地面监控系统提供的。卫星上的各种设备是否正常工作,以及卫星是否一直沿着预定轨道运行,都要由地面设备进行监测和控制。

地面监控系统另一重要作用是保持各颗卫星处于同一时间标准——GPS 时间系统。这就需要地面站监测各颗卫星的时间,求出钟差。然后由地面注入站发给卫星,卫星再由导航电文发给用户设备。

（3）用户设备部分(GPS 信号接收机)

用户设备部分即 GPS 信号接收机(见图 6-10)。其主要功能是能够捕获到按一定卫星截止角所选择的待测卫星,并跟踪这些卫星的运行。当接收机捕获到跟踪的卫星信号后,即可测量出接收天线至卫星的伪距离和距离的变化率,解调出卫星轨道参数等数据。

根据这些数据,接收机中的微处理计算机就可按定位解算方法进行定位计算,计算出用户所在地理位置的经纬度、高度、速度、时间等信息。接收机硬件和机内软件以及 GPS 数据的后处理软件包构成完整的 GPS 用户设备。

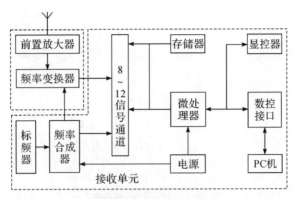

图 6 - 10　GPS 接收机

　　GPS 接收机的结构分为天线单元和接收单元两部分。接收机一般采用机内和机外两种直流电源:设置机内电源的目的在于更换外电源时不中断连续观测;在用机外电源时机内电池自动充电。关机后,机内电池为 RAM 存储器供电,防止数据丢失。目前各种类型的接受机体积越来越小,重量越来越轻,便于野外观测使用。GPS 用户端如图 6 - 11 所示。

图 6 - 11　GPS 用户端

3. 原理

　　GPS 需要同时收到多颗卫星的信号才能定位。如 6 - 12 图所示,GPS 接收机接收 GPS 卫星 A 的信号,在接收到的信号中,除了有星历信息之外,还有一个记录 GPS 卫星信号发送时刻的高精度时钟信息。

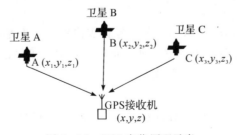

图 6 - 12　GPS 定位原理示意

GPS 接收机接收到 GPS 卫星 A 下传的信息之后,将接收到信号的时间和发射时刻的时间相减,可以得到电磁波由卫星 A 传送到接收机的时间 Δt,与光速相乘得到电磁波传输的距离($\Delta t \times C$),这个距离就是 GPS 卫星 A 和 GPS 接收机之间的距离。因此,接收机一定位于以 $\Delta t \times C$ 为半径,以 GPS 卫星坐标(x_1,y_1,z_1)为球心的一个定位球面上。GPS 导航原理示意图如图 6-13 所示。

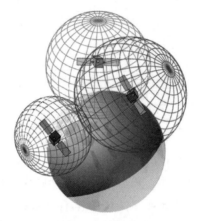

图 6-13　GPS 导航原理示意图(立体图)

同理,接收机接收到 GPS 卫星 B 信号,计算出卫星 B 与接收机之间的距离,接收机也必位于以卫星 B 为球心,卫星 B 与接收机之间距离为半径的定位球面上。两个球面相交可得一个圆,则接收机必位于这个圆上。如果接收机收到第三颗卫星信号,可得第三个定位球面,与前面所得的圆相交,可得到两点,如图 6-14 所示。

图 6-14　GPS 定位原理示意(平面图)

对地球表面的用户而言,较低的一个肯定是真实位置。如果是高空用户,如飞机,低轨道卫星则需要辅助信息来确定具体的位置。如果接收到更多的卫星信息,可得更多的定位球面。则接收机的真实位置唯一确定,精度也相应提高。

4.特点

1)全球全天候定位:GPS 卫星的数目较多,且分布均匀,保证了地球上任何地方任何时间至少可以同时观测到 4 颗 GPS 卫星,确保实现全球全天候连续的导航定位服务(除打雷闪电不宜观测外)。

2)定位精度高:应用实践已经证明,GPS 相对定位精度在 50 km 以内可达 10^{-6} m,100～500 km 可达 10^{-7} m,1 000 km 可达 10^{-9} m。在 300～1 500 m 工程精密定位中,1 h 以上观测时解其平面位置误差小于 1 mm,与 ME-5000 电磁波测距仪测定的边长比较,其边长较差最大为 0.5 mm,校差中误差为 0.3 mm。

3)观测时间短:随着 GPS 系统的不断完善,软件的不断更新,20 km 以内相对静态定位,仅需 15～20 分钟;快速静态相对定位测量时,当每个流动站与基准站相距在 15 km 以内时,流动站观测时间只需 1～2 分钟;采取实时动态定位模式时,每站观测仅需几秒钟。因而使用 GPS 技术建立控制网,可以大大提高作业效率。

4)可提供全球统一的三维地心坐标:GPS 测量可同时精确测定测站平面位置和大地高程。GPS 水准可满足四等水准测量的精度,另外,GPS 定位是在全球统一的 WGS-84 坐标系统中计算的,因此全球不同地点的测量成果是相互关联的。

5)仪器操作简便:随着 GPS 接收机的不断改进,GPS 测量的自动化程度越来越高,有的已趋于"傻瓜化"。在观测中测量员只需安置仪器,连接电缆线,量取天线高,监视仪器的工作状态,而其他观测工作,如卫星的捕获、跟踪观测和记录等均由仪器自动完成。结束测量时,仅需关闭电源,收好接收机,便完成了野外数据采集任务。

6)测站间无需通视:GPS 测量只要求测站上空开阔,不要求测站之间互相通视,因而不再需要建造觇标。这一优点既可大大减少测量工作的经费和时间(一般造标费用约占总经费的 30%～50%),同时也使选点工作变得非常灵活,也可省去经典测量中的传算点、过渡点的测量工作。

5. 应用

为了各种误差对观测精度的影响,目前大部分 GPS 设备多采用差分定位技术。差分技术(DGPS,Differential GPS)就是在一个测站对两个目标进行观测值求差;或在两个测站对一个目标进行观测,将观测值求差;或在一个测站对一个目标的两次观测量之间进行求差。差分 GPS 原理示意如图 6-15 所示。

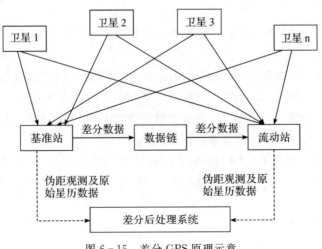

图 6-15　差分 GPS 原理示意

差分的目的是消除公共误差,提高定位精度。例如:将一台 GPS 接收机安置在基准站上观测,根据基准站已知的精确坐标,计算出基准站到卫星的距离和由于误差的存在基准站接收机观测的伪距离之间存在一个差值,这个差值(改正值)由基准站实时地发送出去,用户接收机在进行 GPS 观测的同时,也接收到基准站的改正数,并对定位结果进行修正消除公共误差。差分技术可完全消除上述的第一部分误差,可消除第二部分误差的大部分,但无法消除第三部分误差。由于这种技术能提高定位精度被广泛地应用。

6.3.2 GLONASS 卫星导航系统

GLONASS(GLObalnaya NAvigatsionnaya Sputnikovaya Sistema)卫星导航系统已经于2011 年 1 月 1 日在全球正式运行,GLONASS 是苏联从 20 世纪 80 年代初开始建设的与美国GPS 系统相类似的卫星定位系统。GLONASS 系统的标准配置为 3 个轨道上的 24 颗卫星,而 18 颗卫星就能保证该系统为俄罗斯境内用户提供全部服务。

1. GLONASS 的发展

GLONASS(见图 6-16)的研制开始于 20 世纪 70 年代中期,历经 20 多年的曲折历程,虽然曾遭遇了苏联解体,俄罗斯经济不景气,但始终没有中断过系统的研制和卫星的发射。终于1996 年 1 月 18 日实现了空间满星座 24 颗工作卫星正常地播发导航信号,使系统达到了一个重要的里程碑。

图 6-16　GLONASS 卫星

GLONASS 工作测试开始于苏联 1982 年 10 月 12 日发射第一颗试验卫星,整个测试计划分两个阶段完成:

第一阶段(1982—1990 年):到 1984—1985 年,由 4 颗卫星组成的试验系统达到验证系统的基本性能指标。空间星座从 1986 年开始逐步扩展,到 1990 年系统第一阶段的测试计划已经完成,当时空间星座已有 10 颗卫星,布置在轨道面 1(6 颗)和轨道面 3(4 颗)上。该星座每天至少能提供 15 小时的二维定位覆盖,而三维覆盖至少可达 8 小时。

第二阶段(1990—1995 年):GLONASS 测试计划的第二阶段主要完成对用户设备的测试,随着空间星座 1996 年 1 月 18 日最终布满 24 颗工作卫星而告结束。随后系统开始进入完全工作阶段。

2. GLONASS 的组成

GLONASS 由空间卫星系统(即空间部分)、地面监测与控制子系统(即地面控制部分)、用户设备(即用户接收设备)三个基本部分组成。

（1）空间部分

GLONASS 星座由 27 颗工作星和 3 颗备份星组成，所以 GLONASS 星座共由 30 颗卫星组成，如图 6-17 所示。

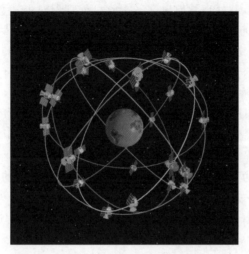

图 6-17　GLONASS 空间部分

27 颗星均匀地分布在 3 个近圆形的轨道平面上，这三个轨道平面两两相隔 120°，每个轨道面有 8 颗卫星，同平面内的卫星之间相隔 45°，轨道高度 2.36 万 km，运行周期 11 小时 15 分，轨道倾角 64.8°。GLONASS 卫星星座图如图 6-18 所示。

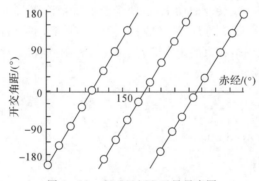

图 6-18　GLONASS 卫星星座图

与 GPS 不同的是，GLONASS 卫星载波频率是不同的。在卫星信息传输方面，也采用了与 GPS 系统不同的频分多址（FDMA）方式。对于数据处理而言，系统时间和坐标系的差异性是它们之间最为重要的区别。另外，GLONASS 没有采用任何人为降低其定位精度的限制性措施。

（2）地面控制部分

地面支持系统由系统控制中心、中央同步器、遥测遥控站（含激光跟踪站）和外场导航控制设备组成。地面支持系统的功能由苏联境内的许多场地来完成。随着苏联的解体，GLONASS 系统由俄罗斯航天局管理，地面支持段已经减少到只有俄罗斯境内的场地了，系统控制中心和中央同步处理器位于莫斯科，遥测遥控站位于圣彼得堡、捷尔诺波尔、埃尼谢斯克和共青城。

（3）接收机部分

GLONASS 用户设备（即接收机）能接收卫星发射的导航信号，并测量其伪距和伪距变化率，同时从卫星信号中提取并处理导航电文。接收机处理器对上述数据进行处理并计算出用户所在的位置、速度和时间信息。GLONASS 系统提供军用和民用两种服务。

GLONASS 系统绝对定位精度水平方向为 16 m，垂直方向为 25 m。目前，GLONASS 系统的主要用途是导航定位，当然与 GPS 系统一样，也可以广泛应用于各种等级和种类的定位、导航和时频领域等。

与美国的 GPS 系统不同的是 GLONASS 系统采用频分多址（FDMA）方式，根据载波频率来区分不同卫星（GPS 是码分多址（CDMA），根据调制码来区分卫星）。每颗 GLONASS 卫星发播的两种载波的频率分别为 $L_1=1.602+0.5625K(\text{MHz})$ 和 $L_2=1.246+0.4375K$（MHz），其中 $K=1\sim24$ 为每颗卫星的频率编号。所有 GPS 卫星的载波的频率是相同，均为 $L_1=1\,575.42\text{MHz}$ 和 $L_2=1227.6\text{MHz}$。

GLONASS 卫星的载波上也调制了两种伪随机噪声码：S 码和 P 码。俄罗斯对 GLONASS 系统采用了军民合用、不加密的开放政策。

3. GLONASS 的原理

根据多普勒效应，由于卫星在不停运动，用户接收机接收到的卫星信号将有一个频移，并且频移和距离的变化率成正比，因此如果对此频移进行积分，就能得到在积分时间内距离的变化量。

某颗 GLONASS 卫星从 t_1 时刻的 A 点运动到 t_2 时刻的 B 点，接收机根据接收到的卫星信号频移，就能够计算出 A 点和 B 点到接收机的距离之差。而根据几何知识，到任意两点距离之差为一定值的点在一个旋转双曲面上，这两个定点就是该双曲面的焦点。而子午仪卫星在 t_1 和 t_2 时刻之间从 A 点运动到 B 点，接收机从卫星接收到的星历信息中得到 A 和 B 点的空间位置，而 A 点和 B 点到接收机的距离之差已被测出，则接收机位于以 A 点和 B 点为焦点的双曲面上，如图 6-19 所示。

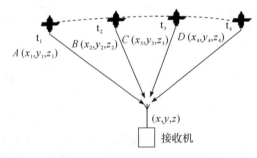

图 6-19　GLONASS 定位原理

同理，当卫星从 t_2 时刻的 B 点运动到 t_3 时刻的 C 点时，接收机测出 B 点和 C 点到接收机的距离差，则接收机也应位于 B 点和 C 点为焦点的双曲面上。卫星从 t_3 时刻的 C 点运动到 t_4 时刻的 D 点，接收机也应位于 C 点和 D 点为焦点的双曲面上。两个双曲面相交可得一条相交的曲线，多个双曲面则可交会出接收机的空间坐标，接收机的位置则被确定。

多普勒定位原理的优点是：精度均匀、不受天气和时间的限制，只要接收机能够收到单颗子午卫星上发来的无线电信号，便可在地球表面的任何地方进行单点定位或联测定位。缺点是：由于该系统卫星数目较少，运行高度较低，从地面站观测到卫星的时间间隔较长，只能提供二维断续定位，而且精度较低，定位时间较长。

4. GLONASS 的特点

GLONASS 与 GPS 有许多不同之处。具体如下：

(1) 卫星发射频率不同

GPS 的卫星信号采用码分多址体制，每颗卫星的信号频率和调制方式相同，不同卫星的信号靠不同的伪码区分。而 GLONASS 采用频分多址体制，卫星靠频率不同来区分，每组频率的伪随机码相同。由于卫星发射的载波频率不同，GLONASS 可以防止整个卫星导航系统同时被敌方干扰，因而，具有更强的抗干扰能力。

(2) 坐标系不同

GPS 使用世界大地坐标系(WGS−84)，而 GLONASS 使用前苏联地心坐标系(PE−90)。

(3) 时间标准不同

GPS 系统时与世界协调时相关联，而 GLONASS 则与莫斯科标准时相关联。

5. GLONASS 的应用

卫星导航首先是在军事需求的推动下发展起来的，GLONASS 与 GPS 一样可为全球海陆空以及近地空间的各种用户提供全天候、连续提供高精度的各种三维位置、三维速度和时间信息(PVT 信息)，这样不仅为海军舰船、空军飞机、陆军坦克、装甲车、炮车等提供精确导航；也在精密导弹制导、C3I 精密敌我态势产生、部队准确的机动和配合、武器系统的精确瞄准等方面广泛应用。另外，卫星导航在大地和海洋测绘、邮电通信、地质勘探、石油开发、地震预报、地面交通管理等各种国民经济领域有越来越多的应用。GLONASS 的出现，打破了美国对卫星导航独家垄断的地位，消除了美国利用 GPS 施以主权威慑给用户带来的后顾之忧，GPS/GLONASS 兼容使用可以提供更好的精度几何因子，消除 GPS 的 SA 影响，从而提高定位精度。

6.3.3　北斗导航系统

中国北斗卫星导航系统(BeiDou Navigation Satellite System, BDS)是中国自行研制的全球卫星导航系统。是继美国全球定位系统(GPS)、俄罗斯格洛纳斯卫星导航系统(GLO-NASS)之后第三个成熟的卫星导航系统。北斗卫星导航系统(BDS)和美国 GPS、俄罗斯GLONASS、欧盟 GALILEO，是联合国卫星导航委员会已认定的供应商。

北斗卫星导航系统(见图 6−20)由空间段、地面段和用户段三部分组成，可在全球范围内全天候、全天时为各类用户提供高精度、高可靠定位、导航、授时服务，并具短报文通信能力，已经初步具备区域导航、定位和授时能力，定位精度 10 m，测速精度 0.2 m/s，授时精度 10 ns。

1. 北斗卫星导航的发展

2012 年 12 月 27 日，北斗系统空间信号接口控制文件正式版 1.0 正式公布，北斗导航业务正式对亚太地区提供无源定位、导航、授时服务。

2013 年 12 月 27 日，北斗卫星导航系统正式提供区域服务一周年新闻发布会在国务院新闻办公室新闻发布厅召开，正式发布了《北斗系统公开服务性能规范(1.0 版)》和《北斗系统空间信号接口控制文件(2.0 版)》两个系统文件。

2014 年 11 月 23 日，国际海事组织海上安全委员会审议通过了对北斗卫星导航系统认可的航行安全通函，这标志着北斗卫星导航系统正式成为全球无线电导航系统的组成部分，取得面向海事应用的国际合法地位。中国的卫星导航系统已获得国际海事组织的认可。

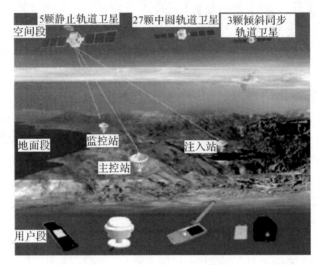

图 6-20　北斗卫星导航系统

2. 北斗卫星导航的组成

北斗系统由空间段、地面段和用户段三部分组成。

（1）空间段

北斗卫星导航系统由空间段计划由 35 颗卫星组成，包括 5 颗静止轨道卫星、27 颗中地球轨道卫星、3 颗倾斜同步轨道卫星。5 颗静止轨道卫星定点位置为东经 58.75°、80°、110.5°、140°、160°，中地球轨道卫星运行在 3 个轨道面上，轨道面之间为相隔 120°均匀分布。至 2012 年底北斗亚太区域导航正式开通时，已为正式系统在西昌卫星发射中心发射了 16 颗卫星，其中 14 颗组网并提供服务，分别为 5 颗静止轨道卫星、5 颗倾斜地球同步轨道卫星（均在倾角 55°的轨道面上），4 颗中地球轨道卫星（均在倾角 55°的轨道面上）。

（2）地面段

北斗系统地面段包括主控站、注入站和监测站等若干地面站。

（3）用户段

北斗系统用户段包括北斗兼容其他卫星导航系统的芯片、模块、天线等基础产品，以及终端产品、应用系统与应用服务等。

3. 北斗卫星导航的原理

如图 6-21，首先由地面控制中心向卫星发出询问信号，两颗卫星收到询问信号后再向空中以广播的方式向服务空域转发，如果服务空域某用户需要定位服务，则在接收到其中一颗卫星（假设是卫星 1）发来的请求信息后，分别向两颗卫星发出回应信号，两颗卫星再将回应信号发回地面控制中心。

地面控制中心根据从用户回复信息回传

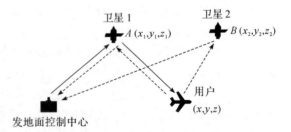

图 6-21　北斗导航系统工作原理

到地面控制中心的时间。计算出地面控制中心到卫星距离加上卫星到用户距离之和。由于卫星 1 和卫星 2 的位置确定，因此卫星到地面控制中心的距离已知，则可得到用户到卫星 1 和卫星 2 的距离。于是可以确定，用户必位于以卫星 1 和卫星 2 为球心，卫星 1 和卫星 2 分别到用户的距离为半径的两个球面上，两个球面相交可得一个定位圆。另外控制中心从存储在计算机内的数字化地形图查寻到用户高程值，则可得到以地球中心为球心，地球半径加上用户高程值为半径的第三个球面，与前面所得的定位圆相交可得两个交点。根据几何知识可知，这两个交点一定以赤道为对称轴，对称地分布在地球的南北半球上。由于我国位于北半球，因此可以确定用户的位置。

4. 北斗卫星导航的特点

"北斗一号"定位系统的用户端为有源方式，用户必须向卫星发送信号，这一点形成了它的最大优势和最大的劣势。优势在于它使用户与控制中心之间、用户与用户之间（通过控制中心）能够进行双向报文通讯，次可传达最多 120 个汉字的信息。汶川大地震中，"北斗一号"报文通信在灾区和外间通信上发挥了重要作用。

5. 北斗卫星导航的应用

目前，正在运行的北斗二号系统发播 B1I 和 B2I 公开服务信号，免费向亚太地区提供公开服务。服务区为南北纬 55°、东经 55° 到 180° 区域，定位精度优于 10m，测速精度优于 0.2m/s，授时精度优于 50 ns。

卫星导航系统是人类发展的共同财富，是提供全天候精确时空信息的空间基础设施，推动了知识技术密集、成长潜力大、综合效益好的新兴产业集群发展，成为国家安全和经济社会发展的重要支撑，日益改变着人类生产生活方式。

6.3.4　GALILEO 卫星导航系统

GALILEO（伽利略）导航系统（见图 6 - 22）是欧洲全球导航卫星系统，是一个提供民用控制的高精度、有承诺的全球定位服务，并能与 GPS 和 GLONASS 全球导航定位系统实现互操作的系统。

其服务可用性承诺在所有的情况下，包括非常环境下，当任何卫星有故障后几秒钟内将通知到用户，这种服务适合于至关紧要的安全应用，如行进中的火车、导航着的汽车和着陆时的飞机。

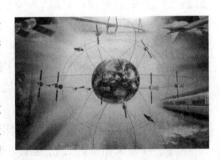

图 6 - 22　欧盟 GALILEO 导航系统

1. GALILEO 的发展

GALILEO 导航系统的构建计划最早在 1999 年欧盟委员会的一份报告中提出，经过多方论证后，于 2002 年 3 月正式启动。系统建成的最初目标是 2008 年，但由于技术等问题，延长到了 2011 年。2010 年初，欧盟委员会再次宣布，伽利略系统将推迟到 2014 年投入运营。

2015 年 3 月 30 日，欧洲发射两颗 GALILEO 导航卫星，欲抗衡 GPS。截至 2016 年 12 月，GALILEO 导航系统在轨卫达到 18 颗星。德国《明镜》周刊 15 日报道称，GALILEO 卫星（见图 6 - 23）定位系统于 2016 年 12 月 15 日投入使用，并免费服务。

欧盟委员会和欧洲航天局表示，到 2020 年，GALILEO 卫星导航系统在轨卫星将达到 30 颗，届时将向全球提供定位精度在 1～2 m 的免费服务和 1 m 以内的付费服务。

2.GALILEO 的组成

（1）空间部分

30 颗卫星均匀分布在 3 个中高度圆形地球轨道上，轨道高度为 23 616 km，轨道倾角 56°，轨道升交点在赤道上相隔 120°，卫星运行周期为 14 h，每个轨道面上有 1 颗备用卫星。某颗工作星失效后，备份星将迅速进入工作位置，替代其工作，而失效星将被转移到高于正常轨道 300 km 的轨道上。这样的星座可为全球提供足够的覆盖范围。如图 6 - 24 所示。

图 6 - 23　GALILEO 卫星

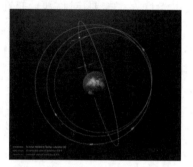

图 6 - 24　GALILEO 系统空间部分

（2）全球设施

由完好性监控系统、轨道测控系统、时间同步系统和系统管理中心组成。伽利略系统的地面段主要由 2 个位于欧洲的伽利略控制中心（GCC）和 29 个分布于全球的伽利略传感器站（GSS）组成，另外还有分布于全球的 5 个 S 波段上行站和 10 个 C 波段上行站，用于控制中心与卫星之间的数据交换。控制中心与传感器站之间通过冗余通信网络相连。全球地面部分还提供与服务中心的接口、增值商业服务以及与"科斯帕斯-萨尔萨特"（COSPAS - SARSAT）的地面部分一起提供搜救服务。

（3）接收机部分

区域设施：区域设施由监测台提供区域完好性数据，由完好性上行数据链直接或经全球设施地面部分，连同搜救服务商提供的数据，上行传送到卫星。全球最多可设 8 个区域性地面设施。

用户：用户端主要就是用户接收机及其等同产品，伽利略系统考虑将与 GPS、GLONASS 的导航信号一起组成复合型卫星导航系统，因此用户接收机将是多用途、兼容性接收机。

服务中心：服务中心提供伽利略系统用户与增值服务供应商（包括局域增值服务商）之间的接口。

基本服务：导航、定位、授时。

特殊服务：搜索与救援（SAR 功能）。

扩展服务：GNS 在飞机导航和着陆系统中的应用铁路安全运行调度、海上运输系统、陆地车队运输调度、精准农业。

3.GALILEO 的原理

"伽利略"与 GPS、GLONASS 都采用时间测距原理进行导航定位，但其卫星数量多，轨道位置高，轨道面少。

"伽利略"系统为用户提供 3 种信号：免费使用的信号，加密且需交费使用的信号，加密且需满足更高要求的信号。其精度依次提高,单机测量精度高于 GPS 系统近 10 倍。

4.GALILEO 的特点

"伽利略"系统是世界上第一个基于民用的全球卫星导航定位系统,在 2008 年投入运行后,全球的用户将使用多制式的接收机,获得更多的导航定位卫星的信号,将无形中极大地提高导航定位的精度,这是"伽利略"计划给用户带来的直接好处。另外,由于全球将出现多套全球导航定位系统,从市场的发展来看,将会出现 GPS 系统与"伽利略"系统竞争的局面,竞争会使用户得到更稳定的信号、更优质的服务。世界上多套全球导航定位系统并存,相互之间的制约和互补将是各国大力发展全球导航定位产业的根本保证。

"伽利略"计划是欧洲自主、独立的全球多模式卫星定位导航系统,提供高精度,高可靠性的定位服务,实现完全非军方控制、管理,可以进行覆盖全球的导航和定位功能。"伽利略"系统还能够和美国的 GPS、俄罗斯的 GLONASS 系统实现多系统内的相互合作,任何用户将来都可以用一个多系统接收机采集各个系统的数据或者各系统数据的组合来实现定位导航的要求。

"伽利略"系统可以发送实时的高精度定位信息,这是现有的卫星导航系统所没有的,同时"伽利略"系统能够保证在许多特殊情况下提供服务,如果失败也能在几秒钟内通知客户。与美国的 GPS 相比,"伽利略"系统更先进,也更可靠。美国 GPS 向别国提供的卫星信号,只能发现地面大约 10 m 长的物体,而"伽利略"的卫星则能发现 1 m 长的目标。

5.应用

与美国的 GPS 系统相比,伽利略系统更先进,也更可靠。美国 GPS 向别国提供的卫星信号,只能发现地面大约 10 m 长的物体,而伽利略的卫星则能发现 1 m 长的目标。一位军事专家形象地比喻说,GPS 系统只能找到街道,而伽利略则可找到家门。

作为欧盟主导项目,伽利略并没有排斥外国的参与,中国、韩国、日本、阿根廷、澳大利亚、俄罗斯等国也在参与该计划,并向其提供资金和技术支持。伽利略卫星导航系统建成后,将和美国 GPS、俄罗斯"格洛纳斯"、中国北斗卫星导航系统共同构成全球四大卫星导航系统,为用户提供更加高效和精确的服务。

伽利略计划对欧盟具有关键意义,它不仅能使人们的生活更加方便,还将为欧盟的工业和商业带来可观的经济效益。更重要的是,欧盟将从此拥有自己的全球卫星导航系统,有助于打破美国 GPS 导航系统的垄断地位,从而在全球高科技竞争浪潮中获取有利位置,并为将来建设欧洲独立防务创造条件。

课 后 练 习

1.常用的无人机导航系统是哪几类?

2.简述惯性导航、TAN 和组合导航系统的原理、特点及应用场合。

3.简述全球四大导航系统的发展和应用现状。

4.四大导航系统各有何特点,各自有什么特殊的应用场合?

5.画图解释北斗导航系统的定位原理。

6.中国北斗导航系统的特点是什么,其在汶川地震中发挥不同于 GPS 作用的是哪个部分?

7.试罗列几个新型导航系统作,并做简要描述。

第7章　无人机地面站系统

无人机地面站是整个无人机系统的"神经中枢"。它控制飞行器的发射、飞行与回收,接收和处理数据,控制有效载荷的运行。通过本章学习读者将了解无人机地面站的构成、功能及未来发展趋势。

教学要求

(1)掌握无人机地面站的构成。

(2)掌握无人机地面站的功能。

(3)了解无人机地面站的发展现状及未来发展趋势。

内容框架图

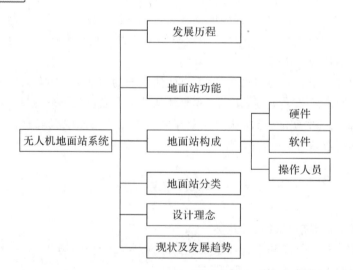

为了能够更好地遥控操作无人机,人们采用了各种形式的地面控制站,以便对无人机的飞行状态和任务设备进行监控。无人机系统中的地面控制站(GCS,ground control system),是在无人机的发展和应用中逐步提出的,也被称为任务规划和控制站(MPCS,mission plan and control system)。地面控制站与无人机飞行器之间的相互通信是通过数据链路实现的。

7.1　无人机地面站发展历程

无人机的快速发展使得无人机地面站的研究设计极为重要。无人机地面站的功能也经历了由简单到复杂、由单一到多样的发展史。

20 世纪 20—30 年代，无人机尚无完善的地面系统，对无人机都是使用简单设备的操控。

1918 年，美军研制第一架升空的"柯蒂斯"是人机通过陀螺仪指示方向、无液气压表指示高度来操控飞机。

1933 年，英国空军由水上侦察改装成的"费尔雷昆士"无人机采用地面站无线遥控技术实现控制。

20 世纪 50—70 年代，已经初步形成了地面系统，并进入快速发展阶段。借助于地面站完成对无人机的操控，使其完成各种任务。例如越南战争期间，美军无人机地面站采用预编程序术，控制无人机执行电子窃听、电台干扰、超低拍摄等任务。

20 世纪 70 年代，美军地面站过地面站控制指令对无人机进行遥控，执行夜间侦查任务。但这个时候无人机地面站的功能还是比较单一的。

直到 20 世纪 90 年代，英美等各国设计并采用了以"捕食者"无人机地面站为代表的复合控制多途无人机地面站，地面站趋于集群化，功能更加多样化，此时的无人机地面站技术已经日趋成熟。

进入 21 世纪以后，无人机地面站的发展速度更加迅猛。例如以"影子 200"地面站为代表的一体化系统，其地面控制站由两台工作站组成，可以体现一个地面站控制多架无人机。另外，以"全鹰"为代表的大型无人机地面站，利用标准化协议 STANAG4586 的兼容性，驱动了无人机地面的互操作性，具备了与有人机、卫星等互操作的能力。再如美国的先驱者(Outrider)是一种战术监视和目标捕获无人机。其地面控制站采用视窗系统，交互显示实时视频图像和全任务地图，通过两个液晶彩色显示器分别进行系统控制和传感器数据的显示。与此同时，远距视频终端还能提供对传感器数据的远程监视。当无人机以半自主方式或与导航系统配合以全自主方式飞行时，地面站可以自动将飞行计划以指令方式传送给无人机执行，或者把飞行计划传送到无人机，由无人机按计划自主飞行。地面控制站可以随时调整无人机以执行不同任务，例如令无人机从飞行巡航模式切换至任务执行模式。

7.2　无人机地面站的功能

当代无人机地面站系统一般具有以下几个典型的功能。

(1)飞行器的姿态控制

在各机载传感器获得相应的飞行器飞行状态信息后，通过数据链路将这些数据以预定义的格式传输到地面站。在地面站由 GCS 计算机处理这些信息，根据控制律解算出控制要求，形成控制指令和控制参数，再通过数据链路将控制指令和控制参数传输到无人机上的飞控计算机，通过后者实现对飞行器的操控。

(2)有效载荷数据的显示和有效载荷的控制

有效载荷是无人机任务的执行单元。地面控制站根据任务要求实现对有效载荷的控制，并通过对有效载荷状态的显示来实现对任务执行情况的监管。

（3）任务规划

任务规划，包括飞行器位置监控及航线的地图显示

地面控制站也称为"任务规划与控制站"。任务规划主要是指在飞行过程中无人机的飞行航迹受到任务规划的影响；控制是指在飞行过程中对整个无人机系统的各个系统进行控制，按照操作者的要求执行相应的动作，主要包括处理战术信息、研究任务区域地图、标定飞行路线及向操作员提供规划数据等。在任务规划过程与控制中，飞行器位置监控及航线的地图显示部分主要便于操作人员实时地监控飞行器和航迹的状态。

正如有人驾驶飞机的飞行那样，起飞前的预先规划是完成任务的关键因素。规划功能的复杂程度取决于任务的复杂程度。最简单的情况下，任务也许是去监视一个路口并报告监测点的交通流量。这一任务的规划可能需要制定接近和离开该监测点的飞行路径，并选择监视该点时飞行器巡逻的区域。这可能涉及进出该区域如何规避危险，并且一直需要与空中管制部门相互协调。

即使执行简单任务，在地面控制站内使用自动规划辅助系统也是很有实用价值的。这些辅助功能可能会以下软件功能的一项或者多项的形式出现：

1）可用某种图像输入设备把飞行路径叠加到数字地图显示屏上

2）对选定的飞行路径自动计算飞行时间及燃油消耗

3）提供一个可以添加到飞行规划中的一半飞行航段库，并能针对特定的航线进行修正。

4）能自动记录飞行路径，其记录形式适用于在任务中控制飞行器以及用空域管理元素来编排归档飞行规划文件。

5）基于数字地图解算出合成图像，显示出在不同位置和高度时的观测视场，以便选择出对执行任务最有利的位置。

将飞行规划储存起来以方便以后执行，这就意味着规划完成以后可以将其存储在地面控制站内，要执行飞行规划的任意阶段，只需要从储存器和执行过的指令中调出即可。例如，任务规划可分解为若干段，如从发射到飞行巡逻点的飞行、在巡逻点上空的飞行、飞向第二个巡逻点上空的飞行以及返回到回收点的飞行。接下来操作员只需按照飞行规划依次激活各个任务规划端即可执行飞行任务。

（4）导航和目标定位

无人机在执行任务过程中通过无线数据链路与地面控制站之间保持着联系。在遇到特殊情况时，需要地面控制站对其实现导航控制，使飞机按照安全的路线飞行。随着空间技术的发展，传统的惯性导航结合先进的 GPS 导航技术成为了无人机系统导航的主流导航技术。目标定位是指飞行器发送给地面的方位角，高度及距离数据需要附加时间标注，以便这些量可与正确的飞行器瞬时位置数据相结合来实现目标位置的最精确计算。为了精确确定目标的位置，必须通过导航技术掌握飞行器的位置，同时还要确定飞行器至目标的短矢量的角度和距离，因此目标定位技术和飞行器导航技术之间有着非常紧密的联系。

（5）与其他子系统的通信链路

该通信链路用于指挥、控制和分发无人机收集的信息。随着计算机和网络技术的发展，现行的通信链路主要借助局域网来进行数据的共享，这样与其他组织的通讯不单纯的是在任务结束以后，更重要的是在任务执行期间，通过相关专业的人员对共享数据进行多层次的分析，

及时地提出反馈意见,再由现场指挥人员根据这些意见,对预先规划的任务立即做出修改,从而能充分利用很多资源,从战场全局对完成任务提供有力的支持和合理的建议,使得地面站当前的工作更加有效。

7.3 无人机地面站的构成

7.3.1 地面站硬件

无人机地面站硬件可以分为三大类:用于显示的、用于操纵的和用于通信的。

1. 用于显示的硬件

无人机地面站一般显示两部分信息:①飞行信息(包括航线航点、各类飞行参数,还有特别显示的警报信息);②任务图像信息(如航拍摄像机拍摄的画面),如图7-1所示。

对大型无人机,这两部分一般用两个屏幕来显示。飞行信息显示用的就是地面站上电脑安装的地面飞控软件界面。图像信息一般单独用一个与图传接收模块连接的显示屏显示,一般还会连上一个DVR硬件,用来同步录制与事后回放视频。

对小型无人机,这两部分一般用一个显示屏来显示。例如消费类多旋翼使用的平板与手机,穿越类多旋翼使用的具备OSD功能的图传接收屏幕。这类微型的多旋翼甚至可以没有专门的地面站软件,飞行信息可以叠加在航拍图像上。

图7-1 无人机地面站显示设备

2. 用于操纵的硬件

需要操纵的也是两部分:①多旋翼本身的飞行;②任务载荷。

对大型无人机,这两部分一般分开操纵。多旋翼的起降飞行用RC遥控器操纵;多旋翼的航线飞行一般用鼠标、键盘通过地面站软件操纵;任务载荷通过另一台RC遥控器操纵。这两个遥控器分别操纵飞机与任务载荷,也称为"双控"。

对小型无人机,一般用一个遥控器加上手机或屏幕。起降飞行用RC遥控器的杆,无PC端地面站软件;任务载荷通过起降RC遥控器的旋钮或者开关控制。也称为"单控"。

RC遥控设备的款式和种类很多,通常按其通道数分类。我们把通行指令信号的道路叫做"通道",如果一台遥控设备只能允许一种指令信号通行,既能发射、接收一种指令信号,那么,这台设备就只有一个通道。模型用遥控设备有两通道、四通道……甚至十通道等多种,Futaba 六通道遥控器如图 7-2 所示。按调制方式,遥控设备还可分为调幅(AM)式和调频(FM)式。调幅比较简单实用,价格也便宜;调频式则性能可靠、稳定,不易受其他信号的干扰。另外还有一种比调频式更高级的脉冲编码式(PCM),具有更强的抗干扰性。

图 7-2　Futaba 六通道遥控器

3.用于通信的硬件

用于通信的硬件包括 RC 遥控发射机、数据链路地面模块。由于地面站与飞行器是通过数据链路实现通信的,这部分硬件也可以被划分到数据链系统中。

7.3.2　地面站软件

地面站软件是地面站的重要组成部分。驾驶员通过地面站系统提供的电脑屏幕、鼠标、键盘、按钮等硬件来与地面站软件进行交互。可以在任务开始前预先规划航线;飞行过程中对飞行器进行实时监控和干预;任务完成后对飞行信息进行回放分析。

以 MissionPlanner(见图 7-3)为例介绍无人机地面站软件的功能,以及软件的基本设置与调试。

图 7-3　MissionPlanner

MissionPlanner 地面站程序由 Michael Oborne 开发,应用于采用 APM 开源飞控的无人飞行器。MissionPlanner 的主要功能有:

1)使用 Google Maps 进行即点即得的航点输入:直接在 GoogleMap 上电机任意某处,即可实现飞机向所点坐标的自主飞行,同时自主调整飞行高度和飞行速度。

2)下载任务日志然后分析:对于某些任务比如航拍,摄影师可以通过下载任务日志来改进下次航拍的路线。

3)配置 APM 飞控的各项参数。

4)可以作为二次开发的平台,有很强的可扩展性:随着 MissionPlanner 的开发者越来越多,这款软件可以支持很多非 APM 的飞控,并且以 MissionPlanner 为平台可以扩展出很多应用类型。

5)从 APM 的串口终端监控飞行器的飞行状态:这个功能对驾驶员实时掌控飞机有非常重要的作用,通过 APM 的串口终端可以监控飞行器的电机转速、电量、速度等一系列重要指标。

为了使读者对如何使用地面站软件有初步的认识,本书以开源 MisssionPlanner 为例,简单介绍地面站的基本设置与调试。

(1)熟悉界面

新版 Misson Planner 已将大部分菜单汉化,非常贴合中国用户如图 7-4 所示。主界面左上方为八个主菜单按钮,飞行数据实时显示飞行姿态与数据;飞行计划是任务规划菜单;初始设置用于固件的安装与升级以及一些基本设置;配置调试包含了详尽的 PID 调节,参数调整等菜单;模拟是给 APM 刷入特定的模拟器固件后,将 APM 作为一个模拟器在电脑上模拟飞行使用;终端是一个类似 DOS 环境的命令行调试窗口,功能非常强大。主界面右上方是端口选择、波特率以及连接/断开按钮(connect/disconnect)。

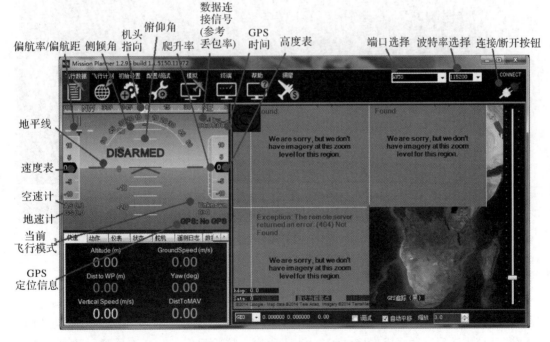

图 7-4　Misson Planner 界面

（2）固件安装

APM 拿到手后首先要做的就是安装用户自己需要的固件，虽然卖家在销售前可能会安装固件，但是未必符合用户要求，所以用户需要学会刷新 APM 的固件。

固件安装前请先连接 APM 的 USB 线到电脑（其他的可不用连接），确保电脑已经识别到 APM 的 COM 口号后，打开 Mission Planner（以下简称 MP）如图 7-5 所示。在 MP 主界面的右上方端口选择下拉框那里选择对应的 COM 口，一般正确识别的 COM 口都有 Arduino Mega 2560 标识，直接选择带这个标识的 COM 口，然后波特率选择 115200，注意：请不要点击 connect 连接按钮，固件安装过程中程序会自行连接。如果你之前已经连接了 APM，那么请点击 Disconnect 断开连接，否则固件安装过程中弹出错误提示。

另外请注意：请不要用无线数传安装固件，虽然无线数传跟 USB 有着同样的通信功能，但它缺少 reset 信号，无法在安装固件的过程中给 2560 复位，会导致安装失败。

安装步骤见图 7-5，点击 Install setup（初始设置），MP 提供了两种方式升级安装固件，一种是 Install Firmware 手动模式，另外一种是 Wizard 向导模式，Wizard 向导模式会一步一步地以对话方式提示你选择你对应的飞控板、飞行模式等参数，虽然比较人性化，但是有个弊端，向导模式会在安装过程中检索你的端口，如果检索端口后，因电脑性能的差异，端口没有有效释放的话，后续的固件烧入会提示不成功，所以使用向导模式升级安装固件的话出错概率比较大，建议用户使用 Install Firmware 手动模式安装。

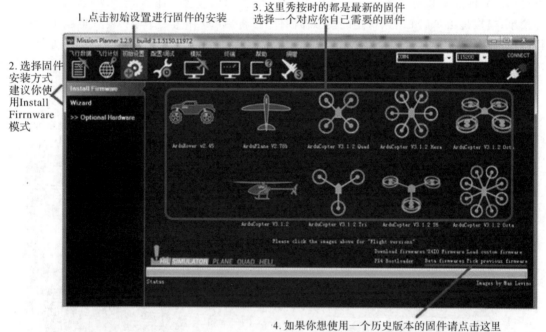

图 7-5　Mission Planner 固件安装步骤

点击 Install Firmware，窗口右侧会自动从网络下载最新的固件并以图形化显示固件名称以及固件对应的飞机模式，用户只需要在对应的飞机模式的图片上点击，MP 就会自动从网络上下载该固件，然后自动完成连接 APM—写入程序—校验程序—断开连接等一系列动作，完全无需人工干预。如果用户想使用一个历史版本的固件，那么请点击右下角 Beta firmware pick previous Firmware 处，点击后会出现一个下拉框，用户只要在下拉框里选择需要的固件就行了。

3.1 版本以后的固件在安装完后都会先弹出一个警告提示框。这是在提醒用户：这个版本的固件在解锁后，电机就会以怠速运行，如果关闭或者配置这个功能，请使用 MOT_SPIN_ARMED 参数进行配置，具体使用请看后文的参数配置。

固件安装提示 Done 成功后，就可以点击右上角的 connect 连接按钮连接 APM，查看 APM 实时运行姿态与数据了。

当一个全新的固件下载进 APM 板以后，首先需要做的是三件事：一是遥控输入校准，二是加速度校准，三是罗盘校准，如果这三件事不做，后续的解锁是不能进行的，MP 的姿态界面上也会不断弹出红色提示。

（3）遥控器校准

首先进行遥控校准，遥控校准需要连接你的接收机，具体连接请查看 APM 连接安装图，连接好后连接 APM 的 USB 数据线（也可以通过数传进行连接），然后打开遥控器发射端电源，运行 MP，按下图步骤选择好波特率与端口后点击 connect 连接 APM，接着点击 Install setup（初始设置）—Mandatory Hardware—Radio Calibrated（遥控校准）—点击窗口右边的校准遥控按钮。如图 7-6 所示。

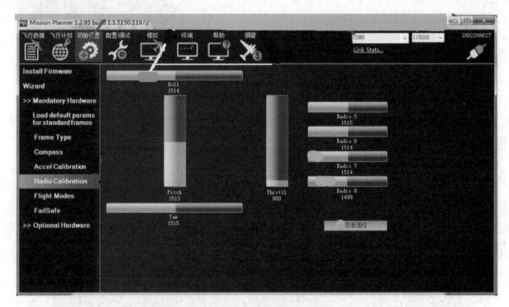

图 7-6　遥控器的校准（一）

点击校准遥控后会依次弹出两个提醒：分别是确认遥控发射端已经打开和接收机已经通电连接，确认的电机没有通电。然后点击 OK 开始拨动遥控开关，使每个通道的红色提示条移动到上下限的位置。当每个通道的红色指示条移动到上下限位置的时候，点击 Click when Done 保存校准时候，弹出两个 OK 窗口后完成遥控器的校准。如果你拨动摇杆时上面的指示条没有变化，请检查接收机连接是否正确，另外同时检查每个通道是否对应。如图 7-7 所示。

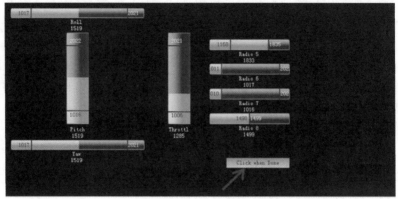

当每个通道的红色指示条移动到上下限位置
的时候点击 Click when Done 保存

图 7 - 7 遥控器的校准(二)

（4）加速度校准

加速度的校准建议准备一个六面平整，边角整
齐的方形硬纸盒或者塑料盒，如图 7 - 8 所示，我们
将以它作为 APM 校准时的水平垂直姿态参考，另外
当然还需要一块水平的桌面或者地面。

（5）罗盘校准

罗盘校准的页面也跟上面的加速度校准一样在
同一个菜单下，点击 Install setup（初始设置）下的
Mandatory Hardware 菜单，选择 Compass 菜单，按
下图 7 - 9 勾选对应的设置以后点击 Live Calibrad
（现场校准）

图 7 - 8 加速度校准

（6）飞行模式设置

在实际飞行当中，APM 的功能切换是通过切换飞行模式实现的，APM 有多种飞行模式
可供选择，但一般一次只能设置六种，加上 CH7，CH8 的辅助，最多也就八种。为此，需要用户
的遥控器其中一个通道支持可切换六段 PWM 值输出，一般以第五通道作为模式切换控制通
道（固定翼是第八通道）。

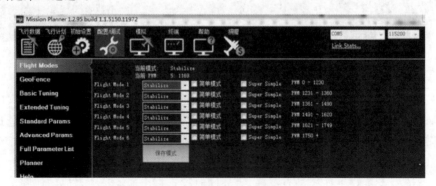

图 7-9 飞行模式设置

配置界面中,六个飞行模式对应的 PWM 值,是否开启简单模式、super simile 模式都一目了然,模式的选择只需要在下拉框中选择即可。

下面分别介绍各个模式:

1)稳定模式(Stabilize)。稳定模式是使用得最多的飞行模式,也是最基本的飞行模式,起飞和降落都应该使用此模式。此模式下,飞控会让飞行器保持稳定,是初学者进行一般飞行的首选,也是 FPV 第一视角飞行的最佳模式。一定要确保遥控器上的开关能很方便无误地拨到该模式,应急时会非常重要。

2)比率控制模式(Acro)。这个是非稳定模式,这时 apm 将完全依托遥控器遥控的控制,新手慎用。

3)定高模式(ALT_HOLD)。定高模式是使用自动油门,试图保持目前的高度的稳定模式。定高模式时高度仍然可以通过提高或降低油门控制,但中间会有一个油门死区,油门动作幅度超过这个死区时,飞行器才会响应你的升降动作。当进入任何带有自动高度控制的模式,你目前的油门将被用来作为调整油门保持高度的基准。在进入高度保持前确保在悬停在一个稳定的高度。飞行器将随着时间补偿不良的数值。只要它不会下跌过快,就不会有什么问题。离开高度保持模式时请务必小心,油门位置将成为新的油门,如果不是在飞行器的中性悬停位置,将会导致飞行器迅速下降或上升。在这种模式下不能降落及关闭发动机,因为现在是油门摇杆控制高度,而非发动机,应切换到稳定模式,才可以降落和关闭发动机。

4)悬停模式(Loiter)。悬停模式是 GPS 定点＋气压定高模式。应该在起飞前先让 GPS 定点,避免在空中突然定位发生问题。其他方面跟定高模式基本相同,只是在水平方向上由 GPS 进行定位。

5)简单模式(Simple Mode)。简单模式相当于一个无头模式,每个飞行模式的旁边都有一个 Simple Mode 复选框可以勾选。勾选简单模式后,飞机将解锁起飞前的机头指向恒定作为遥控器前行摇杆的指向,这种模式下无需担心飞行器的姿态,新手非常有用。

6)自动模式(AUTO)。自动模式下,飞行器将按照预先设置的任务规划控制它的飞行。由于任务规划依赖 GPS 的定位信息,所以在解锁起飞前,必须确保 GPS 已经完成定位(APM 板上蓝色 LED 常亮)切换到自动模式有两种情况:如果使用自动模式从地面起飞,飞行器有一个安全机制防止你误拨到自动模式时误启动发生危险,所以需要先手动解锁并手动推油门起飞。起飞后飞行器会参考你最近一次 ALT Hold 定高的油门值作为油门基准,当爬升到任务规划的第一个目标高度后,开始执行任务规划飞向目标;如果是空中切换到自动模式,飞行器首先会爬升到第一目标的高度然后开始执行任务。

7)返航模式(RTL)。返航模式需要 GPS 定位。GPS 在每次解锁前的定位点,就是当前的"家"的位置;GPS 如果在起飞前没有定位,在空中首次定位的那个点,就会成为"家"。进入返航模式后,飞行器会升高到 15 m,或者如果已经高于 15 m,就保持当前高度,然后飞回"家"。还可以设置高级参数选择到"家"后是否自主降落,和悬停多少秒之后自动降落。

8)绕圈模式(Circle)。当切入绕圈模式时,飞行器会以当前位置为圆心绕圈飞行。而且此时机头会不受遥控器方向舵的控制,始终指向圆心。如果遥控器给出横滚和俯仰方向上的指令,将会移动圆心。与定高模式相同,可以通过油门来调整飞行器高度,但是不能降落。圆的半径可以通过高级参数设置调整。

9)指导模式(Guided)。此模式需要地面站软件和飞行器之间通信。连接后,在任务规划器 Mission Planner 软件地图界面上,在地图上任意位置点鼠标右键,选弹出菜单中的"Fly to here"(飞到这里),软件会让你输入一个高度,然后飞行器会飞到指定位置和高度并保持悬停。

10)跟随模式(FollowMe)。跟随模式基本原理是:操作者手中的笔记本电脑带有 GPS,此GPS会将位置信息通过地面站和数传电台随时发给飞行器,飞行器实际执行的是"飞到这里"的指令,其结果就是飞行器跟随操作者移动。

7.3.3 地面站操控员

近些年来,无人机失控和坠毁的事故时有发生。分析事故发生的原因,高达75%的无人机坠机是由"人为因素"导致的。当代无人机操控回路的主导者仍然是人,为此人—机完善交互是 UAV 有效执行任务的重要环节,地面操控人员必须能在紧急时刻快速、正确地发出操控指令,失误则丧失战机或引发事故,因此,操控人员的素质与技能水平培训是一个关键问题。地面操控人员的关键职能包括如下几项。

1)驾驶飞机:生成控制面和推进系统所需的输入指令,使飞机起飞、沿指定航线飞行和着陆。

2)控制有效载荷:开启和关闭有效载荷,按照需求进行指向,对执行无人机系统所需的输出信息进行实时判读。

3)指挥飞机:执行任务规划,包括在执行任务的过程中,为应对事件所必须采取的任何变更。

4)任务规划:根据来自"客户"(无人机系统飞行任务指派方)的任务安排,确定任务规划。

科学的无人机操控员培训模式是保证无人机飞行作业安全、有效完成的重要手段。通过航空理论知识培训、模拟器训练和实际操控训练,操控员可以积累大量操控无人机的知识经验,这将有助于更好地发挥无人机的使用效能,同时大大降低无人机在使用过程中存在的安全风险。

无人机操控员的培训大体上应分为三个阶段:

(1)航空理论知识学习

通过对空气动力学、飞行原理与飞行性能、无人机系统构造、飞控原理、导航原理、发动机原理、任务规划、法律法规等知识的系统学习,使学员掌握操控无人机所必须具备的航空器理论知识,打下良好的理论基础。

(2)模拟器训练

模拟器训练风险小、效率高,是培养学员初期飞行控制技能最为经济有效的方法。模拟器训练通常有两种方式,一种是利用计算机实现模拟飞行训练,另一种是利用航模进行目视操控训练。

模拟飞行训练是依托计算机硬件和软件技术,进行近似于真实飞机的仿真飞行操控技能的训练,高仿真和互动性强是模拟飞行软件最为显著的特点,对无人机操控员初期的飞行感知、飞行基本技能的培训有较大帮助。模拟飞行训练十分经济,所需器材仅仅是普通的计算机,可以大大降低无人机操控员飞行技能培训成本。

当模拟飞行训练达到一定的架次和小时数后,即可转入航模目视操控训练。无人机虽然具备自主飞行能力,但常规起降过程通常都是通过目视操控完成,因此可以利用航模代替无人机实装进行目视操控训练的方法,培养无人机操控员的实际飞行能力,节约大量成本。

(3)实装飞行训练

结束模拟器训练阶段后,通过无人机操控技能认定的学员,即可转入实装飞行训练。时装飞行训练对于无人机操控员的培养不可或缺。任务规划与飞行计划的制定、空域的申请、飞行前的准备、飞行实施过程、飞行后的检查与维护等一系列完整流程都要通过实装飞行训练来实现,每一个环节对无人机操控员的培训都必不可少。

在这个过程中,使用计算机实现模拟飞行训练是近年来才逐步发展起来的技术,其中涉及的仿真技术也是当下研究的热点,重点要研究解决的仿真技术项目有:

1)虚拟座舱及操控设备。重点要解决的是虚拟现实环境的构成、系统建模仿真技术和数字传输的快捷、准确、可靠和畅通。操控人员使用类似有人驾驶飞机的同种仪表设备(包括按钮、手柄、开关等)和软件,以体验同样的感观效果。

2)人为仿真故障和误差的设置、建模与注入技术。

3)创立实时逼真飞行动画技术、全息显示技术。

4)人-机权限与功能分配,任务规划和任务管理方法研究与训练。

5)实时评价技术包括对飞行性能、导航定位、飞行品质、作战效果以及电磁信号等确定明确的评估标准。操控人员要熟练掌握,做到判断正确,操控实时、如图 7-10 所示。

图 7-10　无人机地面站操作员

7.4　地面站分类

不同型号,不同功能的无人机,都有相应的不同结构和规模的无人机地面站做支撑。有大型的控制无人机群的战术无人机地面站,其地面站由多个操作站建筑群或车载群构成。中小型无人机地面站多是车载可移动的。微型地面站是将诸多系统集成到便携式笔记本上,甚至可以小到只有掌机大小。

7.4.1　战术无人机地面站

战术无人机地面站的特点是在军事上体现其强大而复杂的功能,它由多个功能完善子系统及操作终端构成,如:数据通信系统、远程显示系统、移动图像系统及安全保障设备等。

7.4.2 中小型无人机地面站

与战术无人机地面站不同的是,中小型无人机地面站的架构及功能比较简单,多采用车载等方式,机动性更强,灵活性更好,如图 7-11 所示。此类地面站系统主要包括:电子地图系统,区域图像传输系统,飞行数据显示系统,有效载荷操作系统,飞行指令控制系统等。

图 7-11 中小型无人机地面站

7.4.3 微型无人机地面站

随着微型无人机的迅速发展,出现了微型无人机地面站,如图 7-12 所示。这类地面站通常使用便携式电脑或者摇杆遥控器来控制无人机,这就要求整个地面站系统的结构更加集成化,功能更加精炼。

图 7-12 微型无人机地面站

无论哪一类型的无人机地面站,都是整个无人机系统的核心部分,具有很多的共同之处,都是一个集实时采集图像数据,分析遥测数据,发送遥测指令,实时显示飞机的飞行状态与任务管理等功能于一体的综合且庞大的系统,导航电子地图部分支持多种格式的电子地图,实现对地图进行缩放等基本操作并且显示飞行位置与飞行轨迹,通过航空仪表显示飞行数据。微型无人机地面站监控系统硬件连接如图 7-13 所示。

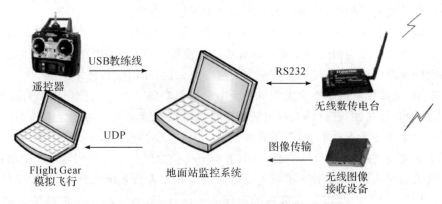

图 7 - 13　微型无人机地面站监控系统硬件连接

7.5　设 计 理 念

地面控制站的各项功能都是建立在顺利、高效地完成任务的基础之上的。无人机的各项功能的完成是与它们的内部结构密不可分的。"体系结构"一词用在地面控制站上时,一般用来描述地面控制站的内部的数据流或者接口。从这个角度讲,每一个地面控制站都有一个结构。这个结构最基本的功能就是实现对无人机系统的有效的控制,使得该无人机系统能够顺利、高效地完成各种任务。但是这种结构的重要性和可见性是与无人机系统设计中的三个基本概念是紧密相联的。

（1）开放性

开放性指的是对现有模块不必要进行新的设计和实现,就可以在地面控制站中增加新的功能模块。这样的开放性的定义和要求,使得在地面控制站的设计和实现过程中,最好的设计和实现方法是模块化的方法。各个模块之间的功能相互具有一定的独立性,这些模块组合在一起,实现整个系统的功能。在这样的设计思路下,不光是可以增加新的模块,也可以根据任务的不同,对模块进行实时的添加或者屏蔽,可以高效地完成任务。

（2）互用性

互用性（也称"互操作性"）,指的是地面控制站能控制任何一种不同的飞行器和任务载荷并且能够接入连接外部世界的任何一种通信网络。互用性现在已经成为各个国家在发展无人机系统时的一个重要的思考点,随着整个无人机系统的飞速发展,以前的单站单机已经变得落后,新的一站多机设计思路已经成为建立无人机系统的主流思想。利用单一的地面站控制无人机机群实现某项任务成为地面控制站发展的先进性的标志。"互用性"的思想正是对这一发展趋势的指导。

（3）公共性

公共性（也称"通用性"）,指的是某个地面控制站与其他的地面站使用相同的硬件和软件模块部分或者完全相同。提出公共性的目的在一定程度上也是为了实现地面站的通用型。地面站作为整个无人机系统中最隐蔽的子系统,是很少收到破坏的,但是,一旦受到破坏,整个无人机系统将处于完全瘫痪的状态,所以,公共性的提出,可以在一定程度上减少整个无人机系统对地面站子系统的依赖性,从而更加合理的对资源进行利用。

这三个概念并非相互独立。在多数情况下,他们是从不同角度,以不同的方式对同一对象进行描述。开放型的结构通过容纳新的软件和硬件使得"互用性"和"公共性"的以提高。作为无人机系统的神经中枢,地面控制站要全力的建立开放性、互用性和公共性。

通常来讲,地面控制站是整个无人机系统中最为昂贵的一个子系统。因而对于地面控制站的"互用性"和"公共性"进行最大利用的集中投入是最有意义的。对于无人机系统来说,设计焦点一般都集中在无人机本身,包括有效载荷。但是,根据数据统计表明,无人机的地面系统所需成本非常高,往往是单架无人机成本的 0.5~4 倍之间。这说明研制一个能够控制多种类型无人机的通用地面控制系统,不仅可以极大地降低无人机系统的开发、后勤支持、和训练费用,也可以较大程度地改进无人机系统的作战灵活性,从而实现无人机系统之间的"互用性"。而就"互用性"和"公共性"而言,第二个"最有价值的"应用对象就是飞行器。飞行器接受通用有效载荷、数据链路、导航系统甚至发动机的能力,对于单独无人机系统和由单个用户操作的集成无人机系统机组的成员和效用都有着重大的影响。因而关于地面控制站体系结构的许多概念也可以直接应用于飞行器。

尽管本书将数据链路视作无人机系统中的单独分系统,专门用了一章进行讨论,但数据链路的基本功能是在地面控制站和飞行器这两个分系统间架起一座沟通的"桥梁"。

地面控制站如何从结构体系上满足开放性、互用性、公共性的要求,用局域网(LAN)的概念来说明将更加形象、直观。基于局域网的概念,地面控制站和飞行器可以形象地看作两个局域网。这两个局域网相互连通(通过数据链路),"网关"把无人机系统与用户组(外部世界)的其他命令、控制、通信和情报系统连接在一起。地面控制站确定了各功能性部件在站内局域网中进行操作的结构,通过数据链路"网桥"与飞行器局域网交互。并提供与外部其他网络交互所需的"网关"。

7.6 现状及发展趋势

7.6.1 典型地面站介绍

1.美国捕食者

作为美国最典型的战斗无人机,"捕食者"的地面站配备有:一个集成的不间断电源,环境适应系统,飞行操作站,有效载荷工作站,合成孔径雷达工作站,以及安全稳定的通信链路等(见图 7-14)。整个 GCS 支持数据/图像采集,任务规划,任务和有效载荷的控制和监测及系统管理。外部通信通过高频卫星通信终端,任务控制信息以及图像信息由 Ku 波段卫星数据链传送。合成孔径雷达以及现场实时自动目标识别(ATR)技术,使无人机有能力精确定位和识别,以及快速深度打击目标,这也是捕食者作为战斗无人机的最大优势。

图 7-14 "捕食者"无人机地面站

2. 战术控制系统(TCS)

从国外先进国家的发展来看,地面站在向一站多机的方向发展。所谓"一站多机"就是指一个地面站系统控制多个、甚至是多种无人机。无人机地面站在向着通用化的方向发展。一种称为战术控制系统的联合作战系统已经在这方面的进行了深入的研究。

战术控制系统(TCS),是美国海军的通用无人机地面控制站,由美国海军的无人空中系统项目办公室(PMA-263)管理、美国雷声公司情报和信息系统部门从 2000 年开始进行开发的。其研制目标就是提供一个开放式体系结构软件,能够控制多种不同类型的海上/岸上计算机硬件,实现任务规划、指挥与控制以及情报数据接收和分发等功能。PMA-263 是为美国海军和海军陆战队采办空中无人系统的指定机构,包括"蒂尔"Ⅱ和"蒂尔"Ⅲ无人机。

"蒂尔"Ⅱ无人机是为了弥补"蒂尔"Ⅰ无人机和"蒂尔"Ⅲ无人机之间的监视能力缺口而研制的一架师/团级无人机,并有望成为一个联合采购项目,涉及的军种包括美国空军、海军和特种作战司令部在内。美国海军陆战队计划于 2008 财年开始采购"蒂尔"Ⅱ无人机,2015 年采购一架新型"蒂尔"Ⅲ无人机。尽管这些无人机是由 PMA-263 负责采购,美国海军陆战队的军方开发经理表示他们不会为他们计划采购的无人机自动选择美国海军的 TCS,而是比较倾向于选择美国陆军的"一体化系统"GCS。

PMA-263 甚至也准备采购美国陆军的"一体化"GCS 在 2015 年之前用于美国海军陆战队的"先锋"无人机系统。该选择主要是出于成本和便利性方面的考虑,这是因为"先锋"无人机是由 AAI 公司和以色列航宇工业公司组建的合营公司——先锋无人机有限公司提供各种支撑服务的。

TCS 在 2003 年之前是一个联合军种项目,后来由于美国陆军和美国空军抵制将 TCS 用于它们的无人机系统,美国国会将其削减为美国海军一家的研制项目。目前 TCS 已经研制成功。PMA-263 希望将其应用于美国海军未来所有的无人机系统,包括预计将于 2008 年在美海军的第一艘"濒海战斗舰"上使用的垂直起降无人机——"火力侦察兵"在内。

TCS 的运行依靠的是基于 Unix 的计算机。该计算机的操作系统是 Sun 微系统公司开发的 Solaris 8 网络操作系统,尽管雷声公司曾经也开发了一个应用于该计算机的基于 Linux 的操作系统。TCS 软件的最新版本是于 2006 年 6 月份交付给"火力侦察兵"的制造商诺思罗普格鲁门公司的,软件中增加了一系列的新功能,包括可以容纳多种不同的"即插即用"传感器载荷、在指挥、控制和信息分发时执行 STANAG 4586 标准等。

为了与 STANAG 4586 兼容,美国雷声公司开发了一个可以操作多种美军和 NATO 无人机的 TCS 核心系统。不同无人机制造商开发的与 STANAG 4586 协同的无人机专用模块,可以与该核心系统接口,提供 TCS 的所有控制能力,实现各无人机系统之间的互操作。(如果未来需要在不同的无人机系统之间完全实现互操作,则各数据链必须互相兼容)。TCS 系统地面站如图 7-15 所示。

3. 土耳其 ANKA

ANKA 是土耳其近期启动的一项长航时侦查打击一体化无人机项目。鉴于 ANKA 察打一体的空中任务需求,

图 7-15　TCS 系统地面站

整个无人机系统配备了一个结构复杂无人机地面站,包括:地面数据终端、远程视频终端、自动

起飞着陆系统、可移动的图像系统和地面保障设备等。该地面站系统具有开放式架构,支持在不同情况下修改的任务计划。此外,该系统支持夜间等恶劣条件下完成任务,包括进行实时图像情报,监视,侦察,移动目标检测,识别和跟踪等。

4.德国 MD4 - 1000

MD4 - 1000 是德国制造,全球技术领先的四旋翼无人机,其地面站具有 2.4 GHz 多向模拟微波接收器,带高增益天线用于接收视频影像及飞行数据。MD4 —1000 作为侦察类无人机,其地面站最大技术特点为有效载荷控制系统和飞行数据显示系统。有效载荷控制支持多种拍摄/监控计划设定。由 Downlink 解码的实时数据,包括电池剩余电量、信号质量、飞行姿态、飞行高度、GPS 位置、飞行时间等,全部由飞行数据显示系统显示。此外,电子地图系统中 waypoint 精确的飞行航线规划的创建与编辑,也是精准操控无人机的一个重要环节。

7.6.2　地面站未来发展趋势

1.发展通用地面站

美军的主要无人机系统,如美国空军的"捕食者""全球鹰"和美国陆军的"影子 200",都是由不同的军种独立开发的,通用性和互操作性能很差,甚至没有。它们的地面控制站尤其如此。因此,美国空军的"捕食者"/"捕食者 B"地面站是无法控制美国空军的"全球鹰"无人机,或美国海军陆战队的"先锋"无人机,也无法接收他们的图像。但是,美国海军和美国陆军已经采取措施,着力解决无人机间的互操作问题。促进无人机互操作性发展的驱动因素——就是与北约的标准化协议 STANAG 4586 相兼容。

美军无人机发展思路是:由陆海空根据各自的需要分别重点开发战术无人机、垂直起降战术无人机和中/高空长航时无人机;最大限度地使用通用的机载设备,避免重复研制;实现地面控制系统的标准化。当前,美国国防部正考虑如何将各层次的无人机综合到系统中。为确保各情报侦察系统间能毫无障碍地传输图像和数据,美国国防航空侦察和国家图像测绘局共同拟定了一项"通用图像地面/接口系统",并确定一套通用的图像存储与传输的协议,以解决各层次无人机之间的地面站和数据的接口标准问题。

2.重视一站多机的地面站的设计

包括硬件结构及友好的人机界面。这种地面站的设计可同时操控多架无人机、使用较少的操作员操纵更多的无人机,这样既提高了操作效率,也减少了人力成本。

3.逐步发展无人作战飞机地面站的设计

是利用现有的飞机还是研究一个全新的飞机现尚无定论,但是先研究地面站的人机界面设计是必要的。

4.发展可靠的、干扰小的、宽带宽的数据链路,提高数据传输效率

其涉及的关键技术有:数据链路的抗截获、抗干扰的编码、加密、变频、跳频、扩频与解扩技术和图像压缩与传输解压以及高速信号处理技术等。

5.发展人工智能决策技术

该技术涉及无人机的自主程度问题,尤其是针对无人战斗机。这需要一些智能的、基于规则的任务管理软件来驱动安置在无人机上的综合传感器,保证通信连接,完成无人机与操纵人员的交互,使无人机不仅能确保按命令或预编程来完成预定任务,对已知的目标做出反应,还能对随机突现的目标做出相应反应。

6.发展无人机操控的安全、告警与防错技术

形成一系列无人机飞行空域超界自动告警方法与流程。在无人机系统设计时,对接收处理遥控指令的综合化设备进行防错设计,例如在飞行控制与管理计算机或航电/机电综合管理计算机设备设置自主保护策略,使之能够拒绝执行与当前飞行及设备状态不匹配或超出能力范围的指令。同时,对影响飞行或人身安全的重要指令,增加"预指令"操作限制条件。

7.发展无人机通信中继

地面站与无人机之间的中继用以提高作战半径和地面控制站的安全性。关键技术包括超视距中继转发与传输、多通道大容量实时信息中继复合传输、军民共享卫星链路和中继载体与无人机协调问题等技术。

课 后 练 习

1.简要说出无人机地面站的构成及功能。

2.无人机地面站设计的三大原则是什么?

3.地面站操作人员的主要职能有哪些?

4.请列举几种典型的无人机地面站。

5.简述未来无人机地面站的发展趋势。

第8章 无人机数据链路系统

内容提示

数据链路提供了无人机与地面控制站间的通信链路,是完整无人机系统的关键部分。本章将介绍无人机数据链路的功能和特性,阐明链路主要性能、复杂性。

教学要求

(1) 掌握无人机数据链的构成及功能。

(2) 了解无人机数据链中的关键技术。

(3) 了解无人机数据链未来的发展趋势。

内容框架图

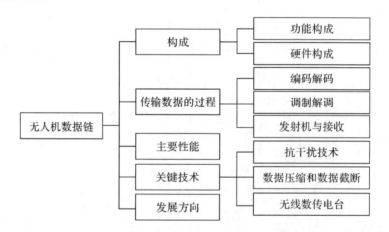

无人机数据链是任务机、地面控制站之间,以及任务机与中继机、武器系统或其他操作平台之间,按照约定的通信协议和信息传输方式,进行指令交互、信息传递的无线通信链路,是保证无人机准确完成任务的重要途径。数据链通过在传感器、指挥控制中心、任务载荷之间建立实时、高效的信息交互网,以满足体系化作战信息交换需求。数据链作为无人机系统中的神经网络,在无人机系统内部以及无人机系统与其他作战系统之间,搭建了一个具有实时性、灵活性的侦察勘测、信息交互和协同作战的网络体系,实现了战场情报、指挥控制和装备协同信息的实时分发,支持无人机与指挥控制中心的互联互通,是将无人机系统融入网络化作战体系的重要手段,在整个作战系统中发挥着重要作用。

数据链路可以用射频(RF)或光缆进行数据传送。射频数据链路的优势在于飞行器不受控制站线缆拴系的物理限制。同时也可以避免飞行结束后的光缆损耗,这类损耗通常难以修复。

光缆的优势在于拥有极高带宽,传送数据稳定而流畅。但在飞行器飞行时,保持飞行器和控制站之间的实体链路连接仍存在许多严重的机械问题。任何试图使无人机在某地点上空机动或盘旋来实现转向并迅速返回地面站的操作,都可能由于其后方拖曳的线缆而引起相关的一些问题。

大部分无人机系统使用的是射频数据链路。例外的情况可能是超短程观测系统,例如从舰上起飞并留系的射频无人机,为雷达和光电传感器提供一个较高的最佳工作位置;还有一种是近程杀伤性系统,它们是光纤制导的武器系统而非可回收的无人机系统。

在整个系统的设计之中必须考虑数据链路特性,在任务、控制、无人机设计和数据链路设计之间要处理大量的权衡,对无人机系统设计人员而言,认识到这一点十分重要。若无人机系统设计人员把数据链路作为简单的、几乎瞬时的数据及命令传递途径,那么当系统面对和处理实时数据链路的局限性时,很可能出现一些意外情况和系统错误。相反,如果系统是作为一个整体设计的,包括数据链路在内,在设计中调整飞行器及其控制系统概念和设计时充分权衡了数据链路的成本和复杂性,那么将有可能实现整个系统的成功,并且能够适应和包容数据链路本身的一些局限性。

8.1　数据链的构成

8.1.1　数据链的功能构成

无人机数据链的基本组成,如图 8-1 所示,从功能上无人机数据链主要包括如下部分。

(1)上行链路

信息由地面站传递至飞行器,用于地面控制站对飞行器控制。目前上行链路在民用无人机中广泛使用的是无线电(即射频)遥控上行链。所谓的无线电遥控(简称 RC),就是利用无线电波对被控对象进行远距离控制。无线电遥控技术发展只有几十年的历史,21 世纪 20 年代,才刚刚出现无线电遥控的雏形。那时,人们试图将遥控技术应用于无人驾驶飞机和舰船上,但由于技术不够完善而未能成功。二次世界大战以后,无线电遥控技术发展迅速,并逐渐在军事、国防、工农业生产以及科学技术等方面得到广泛的应用。21 世纪 70 年代后期,模型用无线电遥控设备也以商品的形式逐渐出现。

(2)下行链路

信息由飞行器传递至地面站。该链路可提供两个信息通道(可以合并为单一的数据流)。一条状态信息通道(也称遥测通道)用于向地面站传递飞行器当前的空速、发动机转速以及载荷状态(如指向角)等信息。第二条信息通道用于向地面控制站传递传感器数据。它需要足够的带宽以传递大量的传感器数据,一般要求其带宽范围为 300kHz～10MHz。一般下行链路的传输速率要远远高于上行链路。

(3)中继链路

当无人机超出无线电视距范围时,需要采用中继方式实现地面指挥与无人机群间的通信,构成中继链路,如图 8-2 所示。按照中继转发设备所处的不同位置可以分为地面中继和空中中继方式。地面中继转发设备置于地面控制站与无人机之间的制高点上;空中中继转发设备置于某种合适的空中中继平台上,空中中继平台和任务无人机间采用定向天线,并通过数字引导或自跟踪方式确保天线波束彼此对准,相比较地面中继而言,空中中继成本要高些。

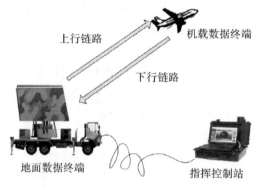

图 8-1　无人机数据链的基本组成

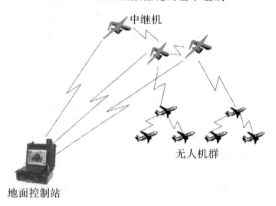

图 8-2　飞机中继链路

　　按照中继转发设备的不同又可以分为飞机中继以及卫星中继:飞机中继方式采用飞机作为中继转发设备,由地面站、中继飞机、任务无人机群构成超视距通信网,其特点是移动速度快、机动性高、电波受空间限制少并且成本低,但考虑到无人机的抗打击能力不强,采用这种中继方式不是太可靠。卫星中继方式采用通信卫星(或数据中继卫星)作为转发设备,无人机上要安装一定尺寸的跟踪天线,机载天线采用数字引导指向卫星,采用自跟踪方式实现对卫星的跟踪相比较无人机中继方式而言,卫星中继的覆盖范围更广,并且卫星的信道性能较稳定,可用频带宽,通信容量大,如图 8-3 所示。

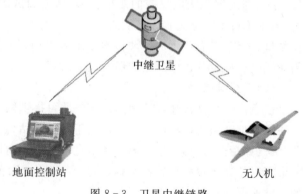

图 8-3　卫星中继链路

对无人机数据链路而言,上行链路与下行链路是必不可少的,而是否设置中继链路则根据任务要求来确定。

8.1.2　数据链的设备构成

从设备上,数据链路设备包括数据链路的机载部分和地面部分。其中,数据链路的机载部分包括机载数据终端(ADT)和天线。机载数据终端包括 RF 接收机、发射机(数传电台)以及连接接收机发射机和系统其他部分的调制解调器。有时候也包括数据处理器,用于压缩数据以符合下行链路的带宽限制。天线可能是全向的,也有可能需要增益且需要指向。

数据链路的地面设备也称地面数据终端(GDT),该终端包括一副或者几副天线、一台射频接收机和发射机(数传电台)、调制解调器。若传感器数据在传送前经过压缩,则地面数据终端还需采取处理器对数据进行解压。地面数据终端可以分装成几部分,以军用无人机为例,包括一辆天线车(可以放置在距无人机地面控制站一定距离处)、一条连接地面天线与地面控制站的数据链路,以及若干用于地面控制站的处理器和接口。

8.2　数据链路传输数据的过程

无人机数据链路传输数据的过程如图 8-4 所示。

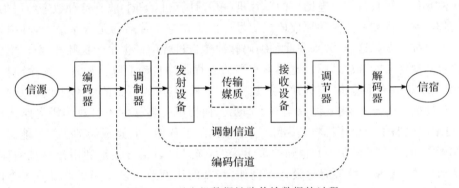

图 8-4　无人机数据链路传输数据的过程

8.2.1　编码解码

由于计算机要处理的数据信息十分庞杂,有些数据库所代表的含义又使人难以记忆。为了便于使用,容易记忆,常常要对加工处理的对象进行编码,用一个编码符号代表一条信息或一串数据。对数据进行编码在计算机的管理中非常重要,可以方便地进行信息分类、校核、合计、检索等操作。简单介绍 PCM 和 PPM 技术。

脉冲编码调制(PCM,pulse-code modulation),又称脉码调制。脉冲位置调制(PPM,pulse position modulation),又称脉位调制。有些航模爱好者误将 PPM 编码说成是 FM,其实这是两个不同的概念。前者指的是信号脉冲的编码方式,后者指的是高频电路的调制方式。通过操纵发射机上的手柄,将电位器阻值的变化信息送入编码电路。编码电路将其转换成一组脉冲编码信号(PPM 或 PCM)。这组脉冲编码信号经过高频调制电路(AM 或 FM)调制后,再经高放电路发送出去。

目前,比例遥控设备中最常用的两种脉冲编码方式就是 PPM 和 PCM;最常用的两种高频调制方式是 FM 调频和 AM 调幅;最常见的组合为 PPM/AM 脉位调制编码/调幅、PPM/FM脉位调制编码/调频、PPM/FM 脉位调制编码/调频三种形式。通常的 PPM 接收解码电路都由通用的数字集成电路组成,如 CD4013,CD4015 等。对于这类电路来说,只要输入脉冲的上升沿达到一定的高度,都可以使其翻转。这样,一旦输入脉冲中含有干扰脉冲,就会造成输出混乱。由于干扰脉冲的数量和位置是随机的,因此在接收机输出端产生的效果就是"抖舵"。除此之外,因电位器接触不好而造成编码波形的畸变等原因,也会影响接收效果,造成"抖舵"。对于窄小的干扰脉冲,一般的 PPM 电路可以采用滤波的方式消除;而对于较宽的干扰脉冲,滤波电路就无能为力了。这就是为什么普通的 PPM 比例遥控设备,在强干扰的环境下或超出控制范围时会产生误动作的原因。尤其是在有同频干扰的情况下,模型往往会完全失控。

PPM 的编解码方式一般是使用积分电路来实现的,而 PCM 编解码则是用模/数(A/D)和数/模(D/A)转换技术实现的。

首先,编码电路中模/数转换部分将电位器产生的模拟信息转换成一组数字脉冲信号。由于每个通道都由 8 个脉冲组成,再加上同步脉冲和校核脉冲,因此每个脉冲包含了数十个脉冲信号。在这里,每一个通道都是由 8 个信号脉冲组成。其脉冲个数永远不变,只是脉冲的宽度不同。宽脉冲代表"1",窄脉冲代表"0"。这样每个通道的脉冲就可用 8 位二进制数据来表示,共有 256 种变化。接收机解码电路中的单片机(单片计算机,下同)收到这种数字编码信号后,再经过数/模转换,将数字信号还原成模拟信号。由于在空中传播的是数字信号,其中包含的信号只代表两种宽度。这样,如果在此种编码脉冲传送过程中产生了干扰脉冲,解码电路中的单片机就会自动将与"0"或"1"脉冲宽度不相同的干扰脉冲自动清除。如果干扰脉冲与"0"或"1"脉冲的宽度相似或干脆将"0"脉冲干扰加宽成"1"脉冲,解码电路的单片机也可以通过计数功能或检验校核码的方式,将其滤除或不予输出。而因电位器接触不良对编码电路造成的影响,也已由编码电路中的单片机将其剔除,这样就消除了各种干扰造成误动作的可能。

PCM 编码的优点不仅在于其很强的抗干扰性,而且可以很方便地利用计算机编程,不增加或少增加成本,实现各种智能化设计。例如,将来的比例遥控设备完成可以采用个性化设计,在编解码电路中加上地址码,实现真正意义上的一对一控制。另外,如果在发射机上加装开关,通过计算机编程,将每个通道的 256 种变化分别发送出来;接收机接收后,再经计算机解码后变成 256 路开关输出。这样,一路 PCM 编码信号就可变成 256 路开关信号。而且,这种开关电路的抗干扰能力相当强,控制精度相当高。从上述可以看出,PCM 编码与 PPM 编码方式相比,具有很大的优越性。虽然以往将这两种编码方式都说成是数字比例遥控设备,但从严格意义上说,只有 PCM 编码才称得上真正的数字比例遥控。值得指出的是:各个厂家生产的不同型号的 PCM 比例遥控设备,其编码方式都不相同。因此,同样是 PCM 设备,只要是不同厂家生产的,即使是相同频率,也不会产生互相干扰,而只会影响控制距离。

8.2.2 调制解调

调制就是用基带信号去控制载波信号的某个或几个参量的变化,将信息荷载在其上形成已调信号传输,调制方式按照调制信号的性质分为模拟调制和数字调制两类:模拟调制可分为:调幅(AM),使载波的幅度随着调制信号的大小变化而变化的调制方式;调频(FM),使载波的瞬时频率随着调制信号的大小而变,而幅度保持不变的调制方式;调相(PM),利用原始信号控制载波信号的相位。对于数字信号而言,由于数字信号的状态有限,因而可以采用键控载波的方法来实现,如:幅移键控(ASK,把二进制符号0和1分别用不同的幅度来表示)、频移键控(FSK,用不同的频率来表示不同的符号,如2KHz表示0,3KHz表示1)和相移键控(PSK通过二进制符号0和1来判断信号前后相位,如1时用π相位,0时用0相位)三种基本方式,ASK、FSK与PSK的频率图如图8-5所示。

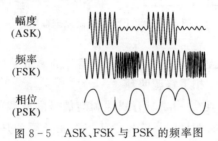

图8-5　ASK、FSK与PSK的频率图

目前,直接序列扩频二进制相移键控(DS-BPSK),连续相位频移键控(2CPFSK)是无人机数据链系统中两种主要调制方式。其中为了提高遥控信号的抗干扰能力,上行链路可以采用DS-BPSK调制方式,下行链路则采用2CPFSK调制方式。

在无人机上行链路中采用DS-BPSK调制方式的模型如图8-6所示。Gold码发生器模块、加法器及编码模块主要完成扩频功能,使用芯片AD9854的BPSK的调制功能对扩频、编码后的数据进行BPSK调制。

为了提高DS-BPSK调制器系统的抗侦破能力和载波抑制度,伪码可选用平衡Gold码,它具有良好的自相关与互相关特性。将调制后的信号经三阶高斯带通滤波器输出,再将输出的信号经功率放大器后得到理想的遥控信息传输至无人机上。

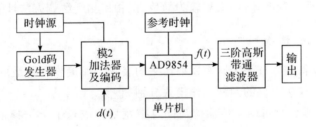

图8-6　DS-BPSK调制方式模型

在无人机下行链路中可以采用2CPFSK调制方式,该调制方式抗噪声性能以及抗衰落性能均较好,具有较好的频带功率利用率,抗辐射能力强且容易实现,可以满足高速率信号的传输要求。2CPFSK调制原理框图如图8-7所示。由差分接收器提供参考时钟给芯片AD9854,该芯片接收数字基带信号。通过外部指令控制单片机,设置AD9854调制模式、调整输出信号的频偏和频率,产生一定功率的2CPFSK调制信号,经组合滤波电路滤波后,由功率放大器放大输出给外部电路。

通过飞行试验表明,DS-BPSK以及2CPFSK调制方式可以满足上下链路数据的传输要求,能够解决无人机测控系统中数据率传输比较低的问题。

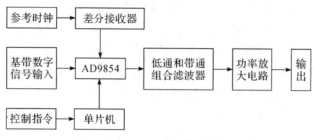

图 8-7　2CPFSK 调制原理框图

解调是调制的反过程,通过具体的方法从已调信号的参量变化中将恢复原始的基带信号。在这里主要讲解相干解调和非相干解调两种。

相干解调也叫同步检波,它适用于所有线性调制信号的解调。实现相干解调的关键是接收端要恢复出一个与调制载波严格同步的相干载波。相干解调是指利用乘法器,输入一路与载频相干(同频同相)的参考信号与载频相乘。如图 8-8 所示。

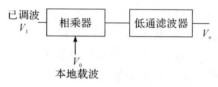

图 8-8　相干解调的总体框图

非相干解调,即不需提取载波信息(或不需恢复出相干载波)的一种解调方法。非相干解调是解调方法的一种,是相对相干解调而言的。非相干解调是通信原理中的一种重要的解调方法,无论在模拟系统还是数字系统中都非常重要。非相干解调的优点是可以较少的考虑信道估计甚至略去,处理复杂度降低,实现较为简单,但相比相干解调方法性能下降。

8.2.3　发射机和接收机

发射机就是可以将信号按一定频率发射出去的装置。而接收机就是指接收到发射装置所发射的装置。发射机和接收机的两种工作模式分别如下。

频分复用(FDM),就是将用于传输信道的总带宽划分成若干个子频带(或称子信道),每一个子信道传输 1 路信号。频分复用要求总频率宽度大于各个子信道频率之和,同时为了保证各子信道中所传输的信号互不干扰,应在各子信道之间设立隔离带,这样就保证了各路信号互不干扰。频分复用技术的特点是所有子信道传输的信号以并行的方式工作,每一路信号传输时可不考虑传输时延,因而频分复用技术取得了非常广泛的应用,如图 8-9 所示。

时分复用(TDM),就是采用同一物理连接的不同时段来传输不同的信号,也能达到多路传输的目的。时分多路复用以时间作为信号分割的参量,故必须使各路信号在时间轴上互不重叠。时分多路复用适用于数字信号的传输。由于信道的位传输率超过每一路信号的数据传输率,因此可将信道按时间分成若干片段轮换地给多个信号使用。每一时间片由复用的一个信号单独占用,在规定的时间内,多个数字信号都可按要求传输到达,从而也实现了一条物理信道上传输多个数字信号,如图 8-10 所示。

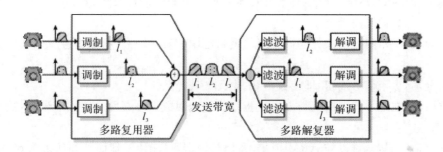

图 8 - 9　频分复用

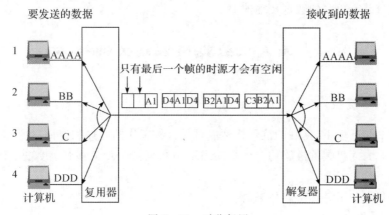

图 8 - 10　时分复用

8.3　主要性能

若一个无人机数据链路只在特定测试场范围内使用,那么使用简单的遥测接收机和发射机就足够了。但这样的接收发射系统会受到测试场范围内其他发射机的干扰。虽然可以通过精心选择工作频率来避免此干扰,但是倘若变更测试场,这种干扰就可能再次出现。像这样简单的数据链路是不可能保证可靠运行的,更不用说在真实的复杂电磁环境下工作。(无论是战场还是人群密集的城市,均有大量的信号冲突和干扰)。

无人机数据链路最起码的要求是必须足够稳定,保证用户在任何地方进行测试训练时正常工作,或者在不存在蓄意干扰的情况下正常工作。这要求数据链路能够在所有上述地点使用当地可分配的频点工作。同时还能抵御可能存在的外来射频发射机的无意干扰。

无人机应用的领域不同,其数据链路的理想特征也是"大同小异"。在军事领域,无人机数据链路有以下与抗干扰和电子战有关的理想特征。

1)全球可用的频率分配。无论是和平时期还是战争期间,在用户感兴趣的所有地方,数据链路都能在当地可用的测试和训练操作频点正常工作。

全球可用性对通用性的民用及军用无人机系统都是很重要的。专用系统可能只是未在特定地点使用而设计的。原则上这类系统的频带可能只在特定地点才能使用。

2)抗无意干扰。尽管有时会有来自其他射频系统的间歇性带内信号干扰,但在无意干扰存在的情况下,数据链路仍能正常工作。

3)低截获频率:当处在敌方测向系统的覆盖范围和有效距离内,数据链难以被截获和测得方位。

4)安全性:由于信号加密,即使被截获,也无法破译。

5)抗欺骗:在地方意图向飞行器发送指令或向地面数据终端发送欺骗信号时,数据链路能进行抵制。

6)抗反辐射武器:难以被 ARM 锁定,即使被锁定,也能使对地面站的伤害降到最低。

7)抗干扰:即使遇到外界对上行链路或者下行链路的干扰,也能正常工作。

在民用领域,同样希望无人机数据链路具有全球可用的频率分配、安全性、抗干扰等特性,同时希望数据链路有更高的数据传输速率。

8.4　无人机数据链系统关键技术

8.4.1　抗干扰技术

在复杂的战争环境下,良好的抗干扰性能是无人机工作的前提和保证,也是无人机飞行安全的重要支撑。无人机数据链路的抗干扰能力可由数据链余量来衡量。数据链余量越大,抗干扰能力越强。

数据链余量有如下三种可能的来源。

(1)发射机功率

发射机功率是增加信号余量的一种直接方式,对于大多数缓和环境来说,用此方法有效。但是在存在严重干扰或蓄意干扰的情况下,该方法抗干扰的效果最差。

(2)天线增益

不通过增加辐射功率发挥高功率发射机功效的一种方法是:将辐射集中到接收机上。举一个日常生活中的例子,若一个手电筒没有反射镜或者透镜,灯泡直接连在电池上,则其发出的光将等量辐射到各个方向,此时只能照亮很近的区域。而若加上一个反光镜或者多个透镜,多数光线可集中于一个窄光束中,此时光束可照亮很远的地方。在射频领域,这种集中被称为"天线增益",因为该方法需要使用天线来聚集选定方向上的辐射。

无人机系统通常使用三种天线:抛物面反射器或蝶形天线见图 8-11、八木天线阵见图 8-12 及透镜天线见图 8-13。地面较常使用前两种,第三种(透镜天线)是仅有的几种可适用于飞行器的定向天线之一。

图 8-11　抛物面天线

图 8 - 12　八木天线

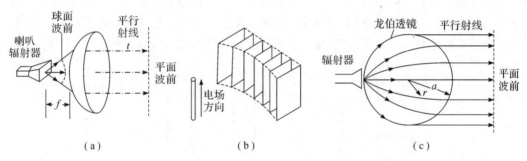

(a)介质透镜折射系数($n > 1$);(b)金属板透镜;(c)龙伯透镜

图 8 - 13　透镜天线

（3）处理增益

在抗干扰余量范畴内,处理增益指的是信号相对于干扰的增强,这种增强是迫使干扰功率在一个比数据链路通信信号带宽更大的带宽上扩展的结果。若干扰源使用单一频率工作,这种增益应对无意干扰具有特有的优势。

处理增益的实现方式是:在传输开始前,以某种能增加带宽的方式对数据链路待传送信息进行编码,然后,在接收端解码来恢复原始带宽。干扰机无法采用与数据链路相同的编码,迫使它必须对人工加宽的传输信号带宽进行干扰,以防止该干扰机将干扰能量集中到原始数据链路的真实带宽上。非干扰机干扰源将只能干扰与其较窄工作波段重叠的部分信号。

直接扩频传输(也称直接序列扩频技术)是处理增益的形式之一。直接扩频传输是对原信号加伪噪声调制以增大传输信号带宽,并降低单位频率间隔内的功率。干扰机必须干扰整个扩展传输带宽。数据链路接收机了解发射端添加的伪噪声调制形式,并能去除接收信号中的伪噪声,使其能在原带宽内恢复原始信号。这样接收机便能去除原始信号带宽以外的所有扰能量,如图 8 - 14 所示。

直接扩频传输的优点是,因为传输信号看起来很像噪声,其难以被截获和测向。缺点是较宽的信号所用的调制速率非常大,而且整个射频系统必须能容纳最终带宽。

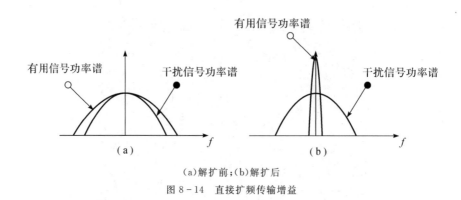

(a)解扩前；(b)解扩后

图 8-14 直接扩频传输增益

跳频传输是处理增益的另一种形式。对此情况而言，任何瞬时传输的信号都是正常未扩展信号。但是在伪随机序列跳变中，传输载波频率会一直变化。若干扰机不了解跳频模式，不能实时跟踪跳频模式，则它必须干扰整个传输跳频频带。接收机了解跳频模式并能自动改变频率，从而总能在正确的载波频率上设定匹配带宽来接收信号。结果与直接扩频传输相同：干扰功率必须能够扩展至一个宽带宽，且接收机能够抑制传输信号带宽之外的所有干扰能量，如图 8-15 所示。

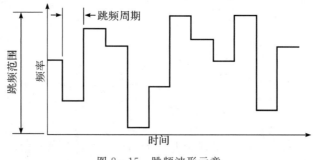

图 8-15 跳频波形示意

目前，无人机已经普遍采用了卷积、交织和 RS 等抗干扰编码，以及直接序列扩频技术来抵抗各种外界干扰。直接序列扩频技术相对简单，通过收发段使用相同的扩频码对信息扩展、解扩去除干扰，具有隐蔽性和一定的抗干扰性能。以色列的 IAI 公司将上行遥控信道的扩频处理增益实现到33dB，信息速率的峰值达到 200 kb/s。但是，直接扩频方式会导致有用信息的丢失。目前，有些系统已经开始采用 Turbe 码、LDPC 码和跳频技术。

8.4.2 数据压缩和数据截断

对于任何网络或者数据链路而言，最有价值的是带宽和数据传输率。对于无线网络而言，总带宽包含了电磁频谱的任意部分，它受到许多因素的限制。这些问题对于无人机系统数据链路而言很重要，尤其是下行链路，它可能需要很大的带宽来传输大量未处理的数据。比如电视传送的高分辨率视频，或者前视红外（FLIR）传感器在标准的 30f/s 帧频运行时能产生约 75MB/s 的原始数据。无人机尺寸、重量和成本的限制使得数据链路很难具备传输如此高速率原始数据的能力。这就要求必须对传感器得到的原始数据进行处理，使数据传输率降低至一定水平来适应数据链路性能。

有两种方法可用于降低数据传输率:数据压缩和数据截断。数据压缩是将数据变换为效率更高的形式,变换后保留数据原有的全部(或者几乎全部)信息,并能在地方上重建,按需恢复原始数据。理想的情况是,无论有用信息还是无用信息,所有信息都不会丢失。但在实际操作中,由于压缩和重建过程中的缺陷,丢失信息时有发生。数据压缩使用了一些算法来删除原始数据中的冗余部分。而为了使操作人员能够理解数据,有时还需将删除的部分重新插入。

举一个简单例子来说明数据压缩。空气温度传感器每秒发送当前温度数据。相比于之前数据,若温度不变,数据压缩过程即不发送新数据(连续相同的温度数据就是冗余数据),而地面站数据重建过程就是在温度传感器检测到新温度并发送之前,保持原来的读数。这样可以在一段时间内减少许多待传送的数据,且信息到地面后不会丢失。

视频图像信息是无人机任务载荷传感器信息的主要传输形式。对视频图像信号进行数字压缩编码有利于减小传输带宽。视频压缩技术实际上就是对原始的视频信息进行编码的技术,其一般原理如图 8-16 所示。

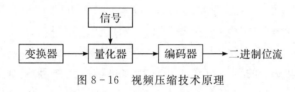

图 8-16　视频压缩技术原理

首先变换器对图像进行一对一变换,经过变换后所形成的图像数据比原始图像数据更有利于压缩。量化器生成一组符号,用来表示压缩的图像;编码器给量化器输出的每个符号指定二进制位流。该二进制位流代表压缩编码后的视频信息。采用的编码方式不同,得到的图像清晰度以及信息容量也不同。目前比较先进的视频编码技术主要是 MPEG-4,可以采用这种编码方式对无人机传感器所获取视频图像信息进行编码。MPEG-4 编码对图像按内容进行分块,将图像的场景、画面上的对象分割成不同的子块,可将感兴趣的对象从场景中截取出来,进行编码处理,这种编码方式具有更高的压缩效率,支持具有不同带宽、不同存储容量的传输信道和接收端。

数据截断则是为了降低数据传输率而丢弃部分数据,在此过程中存在数据丢失。但是若能合理地进行数据截断,则能够做到丢失的信息恰好是执行任务所不需要的信息,可以使得信息截断对执行任务的能效几乎无影响。例如,为了避免显示过程中闪烁和快速跳动,提高显示画质,一般将视频信号的传输频率设为 30 帧/s,但实际上操作员无法按照这样的频率浏览信息,15 帧/s 的显示效果实际上已经可以满足执行任务的要求。将视频信号的传输频率设为 15 帧/s,使数据传输率降低一半,这样虽然丢失了部分信息,但对操作员执行任务的影响很小。

8.4.3　无线数传电台

电台(broadcasting station)是无线电台的通称,是指为开展无线电通信业务或射电天文业务所必需的一个或多个发信机或收信机,或它们的组合(包括附属设备)。由发射机、接收机、天线、电源及附件组成。无线数传电台在无人机链路系统中是最为关键的硬件,本节予以简单介绍.

无线数传电台大致分为两种,一种是传统的模拟电台,另一种为采用 DSP 技术的数字电台,传统的模拟电台一般是射频部分后面加调制解调器转换为数字信号方式来传输数据,全部调制、解调、滤波和纠错由模拟量处理完成,如果需要进行数据的任何其他处理,那么附加的部件、专用的芯片,或微处理机必须加到设计中。因为收发机相当多的功能是在硬件中完成,任何校准或无线电的调整必须在硬件级进行,例如,扭动一个螺丝调整或更换部件。又因为设计是以硬件为基础的,因而它是一个固定的设计。这就是说,不改变硬件就不能改变功能和性能。

这种模拟电台大部分由调频对讲机或车载电台的基础上加装了一个低速率的调制解调芯片,所以严格来说只是一款话音电台的"改装机",还不是真正意义上的专业的数传电台,其速率比较低,时延大,操作也不方便,但是因为价格比较低廉,在自来水监控、远程抄表、水文检测等实时性不高的地方有着广泛应用,而且占据无线电台大部分市场,可与 PLC,RTU,雨量计、液位计等数据终端相连接。

随着在最近的二十多年来集成电路的复杂性和集成度的飞速增加,开发出专用芯片处理器,它能实时或"在线"进行数字信号处理(DSP 技术),无线电台部分甚至全部采用数字处理技术,这些电台通常被称为数字电台,随着 DSP 技术广泛应用,技术成本和核心器件降低能够是大多数厂家所能接受,使其 DSP 技术进入更多产品领域,相比较传统的模拟电台,数字电台的数据信号处理允许很复杂的算法在实时中使用并可被嵌入产品内 DSP 相关的芯片是软件控制的,在不改变硬件的情况下,可在系统内改变它们的性能或任务。这意味着在产品售出后的升级或另增加的特性可加到产品上,不必把电台返回到制造厂,从某种意义上来讲,数字电台控制精度更高,没有与模拟量元件有关的误差问题,功耗更低,实时性稳定性更高,市场中占据大部分中高端用户,比如铁路场站调度、工业控制,GPS 差分,远程测量测控等行业处于主流地位。随着数字信号处理技术和高性能,低价格数字信号处理器正在使采用 DSP 技术的数字电台有着向全行业扩展的蔓延的趋势,不久的将来大功耗、低速率、低精度模拟电台将退出数传市场,包括传统的模拟对讲和寻呼业务。

随着汽车电子、仪器仪表等行业的发展,另一种微功率数传广泛被人们接受,这种微功率数传因为其价格低廉、使用方便在应用领域取得了迅猛发展,这类技术的代表如 Zigbee 和CFDA,两者均具有低功耗、高速率、自组网的特点,使用灵活方便未来发展不可限量,但是这种产品在长距离传输局限比较大,仅限于小范围局部应用。

无论模拟电台、数字电台和微功率数传,在市场的空间一直不是很大,一是传统的数据采集与监视控制系统(Supervisory Control And Data Acquisition,SCADA)的每个节点的一次性造价较高,随着新型网络通信技术的日渐成熟(如 GPRS 和 CDMA),资费和终端日趋便宜,瓜分了部分原有的数传电台的市场,在实时性要求不高、系统覆盖范围又大的系统中,如抄表系统、铁路列控系统这一现象尤为突出。二是数传电台不同于其他行业有明确的行业标准,数传电台的行业标准,尤其是高速数据传输的通信规约、协议,至今尚没有一个明确的、统一的行业标准。造成大部分厂商产品自成体系、互不兼容,从而很难规模化应用,影响了行业发展。

以上这些值得数传电台的生产商、代理商就现在的数传市场去探讨、去深思;也期待国家和行业联盟去规范和支持,但我们也没有必要悲观,数传作为通信行业最早的传输手段,仍然有着无法比拟的优势,比如移动性、时延的稳定和可靠性,在专网市场仍然有举足轻重的地位和优势,正是数传电台不可替代性和优势使得国际上一些有远见的数传厂家针对市场现状不断创新发展,比如 GE MDS 刚刚发布的 SD4、SD9 系列数字电台,将专业无线数字电台提到一个新的高度,该系列电台从宽带前端射频部分到数字信号处理部分全部采用先进数字处理的技术,收信发信机采用软件无线电的全数字硬件结构,直接通过脉冲调制发送信号而无传统的中频处理单元,其产品设计也更绿色、更环保,在宽频、收发精度控制和传输稳定可靠性方面优势更明显。这种新的软件无线电台将无线数传带到新的高度。芬兰 SATEL 数传电台见图 8-17,美国 MDS 数传电台见图 8-18。

图 8-17　芬兰 SATEL 数传电台

图 8-18　美国 MDS 数传电台

8.5　无人机数据链系统发展方向

信息化作战要求无人机能够在更加广阔的空域内作战,能够实时高速可靠的传送大量的情报信息,并有能力进行信息的处理及向更广范围的快速分发,这极大地驱动了无人机数据链技术的发展,该领域的诸多前沿技术也不断涌现出来。以美国、以色列为代表的国家在无人机数据链技术上占据着领先主导地位,在无人机中继传输方面,它们已实现了卫星中继和空中中继。以色列 IAI / ELTA 公司的 EL / K-1850 数据链,经无人机空中中继作用距离由200 km 扩展到 370 km。在视频图像编码技术方面,美国早在 20 世纪 90 年代就已开始运用数字图像传输技术,将视频图像编码后美国的图像/遥测复合数据速率减少至 1.544 MB/s,以色列的对应为 2.2 MB/s。未来无人机数据链技术需着重突破以下前沿技术。

(1)研发激光通信传输系统

激光通信可以满足大数据量实时远程传送的需要,潜在提高了无人机数据链路的带宽和作用距离见图 8-19。激光通信技术前景广阔,可行性也很高。据预测,采用激光通信传输速率比最先进的射频数据链还要高 2~3 个量级,国外相关技术每秒可传输上万兆比特的数据,使用小功率半导体激光系统的小口径(7~13 cm)机载激光通信系统被探测到的概率极低,仅相当于射频系统的 30%~50%,同时功耗也低。但目前这项技术还有诸多瓶颈,需加快技术攻坚。

(2)发展“一站多机”数据链

目前,无人机系统多数还是一个指挥控制站控制一架飞机,伴随着战争空间的日益扩大以及现代化战争的高要求,对于“一站多机”技术的要求日渐迫切。一站多机数据链是指一个测控站与多架无人机之间的数据链。英国普莱塞公司在 20 世纪 80 年代曾研制出多无人机控制系统,该系统能同时对 4 架无人机进行跟踪定位、遥测、遥控和信息传输。一站多机技术基本原理如图 8-20 所示,其中测控终端用于完成指令加密,遥测信息的解密等功能;控制计算机用于发出遥控指令,实现接收遥测信息等功能;功率分配器用于将输入信号分成多路相同信号输出;接收机 $1\sim N$ 用于对遥控信号的解调使得无人机能够控制计算机发出的指令;接收机 $A\sim X$ 用于完成对机上回波信号的解调形成遥测信号传输到控制终端上去,通过控制终端进行解密,整个系统形成一个闭合回路,从而实现一站多机功能。

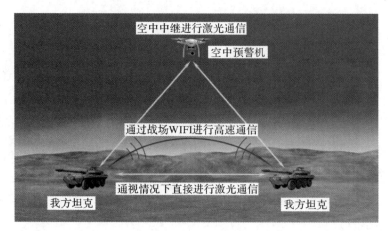

图 8-19 激光通信

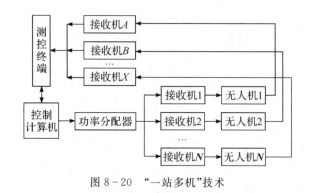

图 8-20 "一站多机"技术

(3)发展信道综合技术

发展信道综合技术可以简化设备并节省频谱,目前主要研究的是"四合一"或"三合一"综合信道体制。"四合一"综合信道体制是指跟踪定位、遥测、遥控和信息传输的统一载波体制。少数低频段的简单系统及某些特殊系统可采用"三合一"综合信道体制,"三合一"综合信道体制是指跟踪定位、遥测和遥控的统一载波体制,它将宽带与窄带信道分开,从某种角度来说具有一定的灵活性。

(4)研究应用数据链组网技术

数据链组网技术使得数据链具有网络化的通信能力,使其容量大、稳定性高、可靠性好,该技术需要攻破以下几项难点:大容量指向性数据链,处理能力高的大容量通路,模块式可编程序通路结构,标准通信规定和接口等。数据链组网技术可以很大程度上提高无人机数据链的传输性能。

(5)实现无人机数据链智能化

无人机智能数据链是一个多模式的智能通信系统,能够感知其工作区域的电磁环境特征,并根据环境特征和通信要求,实时动态地调整通信系统工作参数,从而达到可靠通信或节省通信资源的目的。实现无人机数据链智能化能够很大程度上提高无人机在复杂电磁条件下正常工作的能力。

(6)提高无人机数据链系统的通用化和标准化程度

美国以及以色列等国非常重视数据链系统的标准化,美军正重点推广使用 X/Ku 波段的通用数据链系统,逐步实现数据链系统的通用化和标准化。而以色列在这方面也有所建树,IAI/ELTA 公司的 EL／K－1850 数据链就是依据统一的标准研制的,可以应用于苍鹭、猎犬、侦察兵等无人机系统。随着无人机群的大量使用,要加快研究通用数据链技术和通用地面控制站技术,并制定合理的无人机测控系统标准,提高无人机测控系统使用效率,否则在未来战场上当大量无人机同时应用时,这些无人机将很难协调运作。

课 后 练 习

1. 无人机数据链系统的作用是什么?
2. 无人机数据链由哪些部分构成?
3. 无人机数据链中的关键技术有哪些?
4. 增加数据链路余量的方法有哪些?
5. 无人机数据链路未来的发展趋势如何?

第9章 无人机应用及发展趋势

无人机与有人驾驶飞机相比,更能适应恶劣环境和高危险的任务,在近 10 年,得到广泛的应用。例如农业植保、航拍测绘、物流运输、治安反恐、环境检测、野生动物保护等方面有着良好的应用前景。

教学要求

(1) 掌握无人机常见应用及其任务载荷。
(2) 了解民用无人机发展前景。
(3) 了解军用无人机发展趋势。

内容框架图

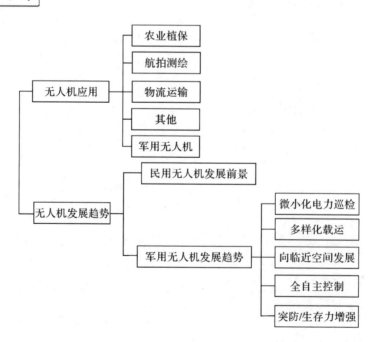

9.1　无人机应用概况

无人机在执行任务的时候需要搭载任务载荷。根据应用领域的不同要求,将搭载不同的载荷,不同载荷设备对无人机性能要求也不尽相同。

无人机的应用通常围绕所应用的任务载荷进行,根据搭载任务载荷不同,应用领域也呈多样化(见图 9-1)。目前无人机任务载荷多围绕于喷洒、云台拍摄设备、灯光音响、货物运载和军用设备等方面。民用方面在植保、电力巡检、运输、航拍、安防和军事领域有较多应用。在各个领域的应用情况,目前出现的应用频次如图 9-2 所示。

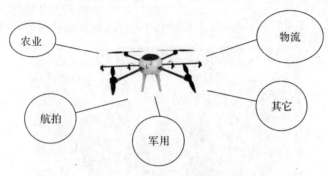

图 9-1　无人机任务载荷分类

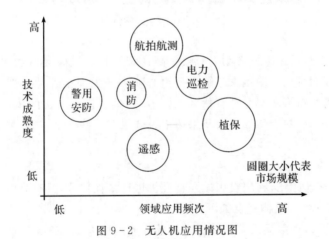

图 9-2　无人机应用情况图

无人机在航拍航测、电力巡检和植保方面技术成熟度较高,应用频次较高、市场规模较大。在民用运输方面技术成熟度较低,但市场规模较大。在无人机安防方面应用一般,技术成熟度较低。

9.2　植保类无人机

9.2.1　载荷系统

喷洒系统作为喷洒类无人机的任务载荷,常用于植保领域,目前有两种常见形式:一种是扇形压力喷头,另一种是离心喷头。还有一种静电喷雾系统还没有在实际应用中出现,暂且不予以讨论。

扇形压力喷头(见图 9-3)的原理是通过压力泵对药液施加 1~3 kg 的压力到扇形压力喷头喷射出去,药液的雾滴直径一般在 70~120 μm,特点是药液下压力较大,产生的药液飘逸量较小,在干旱地区的蒸发量较小;缺点是药液雾化不均匀,雾滴直径相差较大。

图 9-3　扇形压力喷头

离心喷头的原理是通过电机带动离心喷头高速旋转将药液破碎后利用离心力甩出,特点是药液雾化均匀,雾滴直径相差不大。缺点是离心喷头的配件很容易出现问题,寿命较短,更换频率较高,而且离心喷头基本上没有什么下压力,完全凭借无人机的风场下压,相比较压力喷头而言飘逸量大一些,对于高秆作物和果树来说效果差一些。

9.2.2　优势

与传统人工喷雾器相比,利用农用无人直升机进行植保作业,具有高效、节药、优质、安全、便利等优势(见图 9-4)。具体优点如下:

1)实现低空作业。一般无人驾驶植保飞机的作业高度为 1~20 m。

2)农药用量少,环保效果好。喷洒系统采用微量喷洒技术,喷洒农药用量少,一般的农作物用药量大概在 500 mL/亩(1 亩≈666.67 m²)左右。据农药企业专业机构测试,这种喷洒技术可以节省 30%~50% 的农药和 90% 的用水。大大地减轻了农作物残留农药和对农村环保的影响。

3)整机质量轻。无人直升机整体尺寸小,转向起降灵活,可空中悬停。

4)喷洒速度快,防治效率高。平均每分钟可喷洒约 2 亩,一架飞机每小时可完成施药 100亩左右。每次装药 10 kg 可以喷洒 8~10 min,每次起降可喷洒农田约 16~20 亩,是目前传统的人工喷洒效率的 60 倍,完全有可能逐步取代传统的人工喷洒农药作业。

5)喷洒均匀和雾化效果好,提高了农药的有效性,防治效果达到最优。利用无人直升机向下的强烈旋转气流在喷洒农药时,可以在翻动和摇晃农作物的同时,使下方的农作物形成一个紊流区,可以非常均匀地喷洒农药,因此能将部分农药喷洒到茎叶背面和根部,这是目前人工喷洒和其他喷洒设备无法做到的喷洒质量。由于直升机下旋风力集中而有力,采用超细雾状喷洒比较容易透过植物绒毛的表面,形成一层农药膜均匀而有效地杀灭害虫。

6)安全系数高。由于采用了远距离遥控操作,使喷洒作业人员避免了暴露于农药的危险,提高了喷洒作业安全性,避免了作业人员由农药中毒引发的伤亡。

7)智能化程度高。由于采用了 GPS 卫星定位导航,可以自动规划航线,自主按航线飞行并可自主接力,即断药补药后,从断药点开始续喷,从而减少了人工漏喷、重喷的现象。

8)飞行稳定。飞行自稳系统带 GPS 模块和高精度姿态传感器,可实现自动增稳,漂移校正,自动巡航等。

9)不受地形限制,无需起降跑道。飞行中机动灵活,而且折旧率较低,易保养,这在很大程度上降低了资源成本。

10)能及时控制病虫害,同时缓解劳动力的匮乏。

图 9-4　无人机植保

9.3　航拍类无人机

在电力巡检运营维护中,如何通过新的技术找出故障,提升电站整体寿命是目前电力行业需要解决的重要问题。电站运维团队需要定期对电力网进行巡检,保证电网的可靠运行,提高设备可利用率。但电力网大多地处偏远地区,电力塔排布分散。传统的人工巡检模式不仅存在安全性差、工作量大、效率低等问题,而且受观测角度、工作经验等影响,不能全面及时地发现问题。

近年来,利用航拍类无人机进行电力网巡检(见图 9-5),能达到人工不方便到达的高度和肉眼难以企及的精度,巡检速度大大提升。以先进的技术在第一时间发现并准确定位问题,高效率作业提高检测频次,把故障提前排除。

图 9-5　用于电网巡检的无人机

9.3.1　航拍类无人机

　　航拍无人机按空气动力形式分为固定翼型和旋翼机型,固定翼飞机是靠气流高速流过机翼产生升力(耗能低),而旋翼飞行器是靠螺旋桨产生升力(耗能高)。多旋翼一般尺寸较小(直径大多在 2 m 以内),操控距离较近(一般几千米范围内),飞行高度较低(几百到上千米),负载较小(几到几十千克),在航拍、监视方面应用较多。固定翼 UAV 尺寸相对较大(翼展几米到几十米),操控距离较远(如果搭载卫星通信链路可实现超视距操控,操控距离达几百上千千米),飞行高度较高(几千米到上万米),负载相对较大(几百千克),在测量、监测、监视、侦查方面应用较多。

9.3.2　任务载荷

1.相机拍摄控制系统

任务载荷系统主要有相机拍摄控制系统和云台控制系统。

　　影像采集设备安装于双轴云台,通过减震装置挂载于四旋翼无人机舱底。当飞行器机动飞行、俯仰、滚转姿态变化时,云台舵机能够随飞行器姿态角输出相应转矩,维持云台角度相对地面坐标系保持固定,从而保证拍摄画面时刻聚焦于前方部件。地面人员通过云台控制装置能随时调整拍摄角度,远程对相机调焦、对焦,并根据画面成像优劣,有选择地进行线路设备的影像拍摄。

　　无人机航拍是以无人驾驶飞机作为空中平台,其中相机拍摄控制系统由诸多光学设备构成,如高分辨率数码相机(见图 9-6)、轻型光学相机、红外扫描仪,激光扫描仪、磁测仪等获取信息,用计算机对图像信息进行处理,并按照一定精度要求制作成图像。旋翼无人机把采集的信号保存在存储器并间隔将采集的图像传送到地面监视站进行分析。发现可疑段位可悬停或者来回飞行细查;实时监视和录像可同

图 9-6　无人机机载高分辨率相机

时进行,飞机飞回后对存储器内的全部影像进行分析。因此在民用电力巡检、安防等领域有较大应用。尤其在电力巡检领域已得到国家大力支持,固定翼航拍类无人机载重大,能携带更多任务载荷,飞行速度更快,在军用领域有较多应用。

2.云台控制系统

无人机上针对所搭载光学云台的固定结构称为云台控制系统,简单说是安装、固定相机/摄像机的支撑设备,它分为固定和电动云台两种。

(1)固定式云台控制系统

一般的军用固定翼无人飞机上用的大多数是固定式航拍云台,垂直面向地面拍摄,没有运动补偿等稳定画面的装置。而消费级无人机刚面世时,所采用的航拍云台大多也是固定式云台,比如大疆的 Phantom 一代等产品,采用的就是固定式的设计,将相机与飞行器固定在一起,运用调整飞机的角度,调整航拍时的视角。

固定式的云台优点是能够减少成本、减轻重量、省电,从而提高飞行时间;缺点也非常明显,就是航拍画质较差、无法改变视角。

(2)电动式云台控制系统

电动云台如图 9-7 所示,就是电动机能接收控制器的信号,从而精确地调整定位,在控制信号的作用下,云台上的摄像机既可自动扫描监视区域,也可在人工操纵下跟踪监视对象。

目前电动云台有两轴的,有三轴的。在无人机上,三轴云台对无人机的前进、后退时的飞机姿态变化能进行影像稳定弥补。电动云台在主流航拍无人机上比较常见,比如大疆 Phantom 3 等。其优

图 9-7　无人机电动云台

点是对航拍时的画面能全方位稳定,保证画面清晰;缺点是工程造价较贵,由于使用电机控制,所以相对会耗电,航拍的续航时间较短。两轴是三轴的缩减版,定位低端,两轴的能够降低成本,省去了垂直方向上的稳定补偿,耗电量也有所降低,大疆 Phantom 2 代用的就是两轴云轴。

9.3.3　航拍类无人机优势

随着中国改革开放的逐步深入,经济建设迅猛发展,各地区的地貌都发生了巨大的变迁。许多目前使用的地形地物资料较为陈旧,而正确、完整的信息资料是科学决策的基础。各地区、各部门在综合规划、田野考古、国土整治监控、农田水利建设、基础设施建设、厂矿建设、居民小区建设、环保和生态建设等方面,无不需要最新、最完整的地形地物资料,这已成为各级政府部门和新建开发区急待解决的问题。无人机航拍技术可以准确地反映出各地区新发现的古迹、新建的街道、大桥、机场、车站以及土地、资源利用情况的综合信息。无人机航拍技术是各种先进手段优化组合的新型应用技术。图 9-8 所示为可航拍的无人机。相较传统拍摄手段,无人机航拍存在以下优势。

(1)操作性方面

无人机起降方便,在空中飞行可执行前飞、倒退、悬停、垂直飞行等特殊任务,转弯半径小,拍摄条件受气流等自然条件的局限较小,根据航拍需要,飞行动作可以重复操作。

图 9 - 8 无人机航拍

（2）控制性方面

航拍中，无人机升爬升力较强，可以根据拍摄高度进行自由控制，在短时间内完成从低海拔爬升至几百米高空的飞行任务，另外，在没有障碍物的外部环境下，无人机能够进行 500 m 以内的超低空拍摄，能满足绝大部分航拍需求且操控灵活。动力伞、动力滑翔机、飞艇对上升气流的依赖较大，受风的影响大，不适宜做超低空飞行，短时间内提升飞行高度困难，飞艇更适合拍摄飞行海拔较高，特别是对大范围空旷区域全貌的拍摄。

（3）稳定性方面

无人机在稳定性方面也十分出色，多旋翼无人机可以实现在空中静止，即使在气流不稳定的情况下，无人机也能够自动调节，应付自如。并且一般航拍的摄像机都具备防抖动功能，无论是拍摄照片还是视频，都能获得清晰流畅的画面。

（4）安全性方面

与其他航空器相比，无人机航拍的安全性主要表现在以下方面。首先无人机是靠自身的动力系统独立运行的，受到环境气流影响很小，而动力伞完全依靠外部气流等自然因素，动力滑翔机和飞艇虽然也有动力系统，但是在很大程度上还要受到外部环境的制约。其次飞行器在高空飞行中，一旦动力系统出现问题，很容易出现重大安全事故。直升机具有相对封闭的空间，受自然条件影响小，而其他飞行器都是在开放式或半封闭状态下，容易受突发的自然状况干扰。

9.4 物流类无人机

9.4.1 运载系统

无人机载运最初用于军事领域，主要作为军用物资载运平台，提供小风险、小成本的运输服务。进入 21 世纪，随着国民经济发展，物流行业日渐兴起，各大物流公司出于高效配送、低成本运营的需求，将无人机配送作为一种极具前景的配送方式大力培养，以减少人力配送成本。亚马逊、京东等公司相继推出了无人机配送的未来方案。目前用于快递配送的载运类无人机以搭载物流仓作为任务载荷，物流仓目前有常见的仓盒式和挂钩式。仓盒受制于无人机布局影响,其体积较小,搭载货物有限,但其由于直接固定于机身,有较好的稳定性,可搭载易碎贵重货物。挂钩式能搭载更多载荷,但其由于飞行惯性影响,稳定性较差。

同时无人机搭载通信系统作为任务载荷,作为空中通信中继平台,也是无人机载运发展的一个新方向。

9.4.2　国内外无人机载运发展现状

无人机载运对于提升运输行业的效率有着莫大的帮助,在节省配送时间的同时,也节省人力成本。2017 年 6 月,美国专利商标局公布早前亚马逊的无人机新专利,其中"蜂巢式无人机塔"最为典型。根据专利文件,无人机塔主要作为无人机运货中转站,从而能缩短无人机单次飞行距离。早在 2016 年 12 月,亚马逊的无人机送货服务(Prime Air)就在英国完成了首次商业试用,消费者下单后只需在自家位置的草坪上放置一个小型 QR 码,无人机就会自动发货,整个飞行过程高度自动化,并且在 30 分钟内将货物送到顾客家门口。亚马逊还申请了无人机运输有关的专利,悬浮式物流中心"空中物流中心"专利,无人机"加油停机坪"专利和多架无人机共同送货系统专利,可以看出亚马逊下定决心要大力发展无人机运输事业(见图 9-9)。

图 9-9　亚马逊无人机

国内物流无人机也是一大热点。2016 年京东在上海亚洲消费电子会上展示了 VTOL 固定翼无人机以及 Y-6 多旋翼两架无人机。这两款无人机分别针对长时航以及载重量而研发,VTOL 固定翼无人机的续航时间可达一个多小时,可载重量只在 5kg 左右,而 Y-6 多旋翼无人机载重量可达 10kg,但续航时间只在 40 分钟。2017 年 6 月 18 日京东宣布无人机送货正式进入常态化运营,并在西安规划了 40 条无人机航线以满足客户需求,预计每天配送 4 次,每次运送 5 至 7 个订单。2017 年 6 月 30 日,顺丰与赣州市南康区联合申报的物流无人机示范运行区的空域申请,得到正式批复,成为目前国内首个取得无人机物流合法飞行权的公司。据了解顺丰早在 2013 年已经完成无人机测试。

搭载通信系统作为通信中继平台是一个新兴应用,目前正处于发展期,全球有将近 40 亿的人口仍未接通互联网。解决互联网普及及其稳定已成为各国通信建设的首要任务。无人机的能耗较低,可以为更大范围内的用户提供互联网接入服务。同时无人机具有很强的机动性,可以根据某一区域内的特殊需要来提供互联网接入服务。Facebook 提出了一个利用太阳能载运无人机在全球提供互联网的项目。他们预计，大约1 000架这样的无人机就能让整个地球时刻保持着高速的互联网连接。随后，谷歌也跟进了他们的计划，将利用无人机充当"Wi－Fi基地台"，为全球数十亿人提供无线网络服务。在我国，"5·12"汶川特大地震中，地面通信遭到破坏，由于其特殊的地理和气象环境，对空通信保障也十分困难，通信联络是抗震救灾指挥中存在的一大难题，为此空军不得不派出一架专用飞机担负中继转讯任务。由于该机在灾区上空架设了一条不间断的通信桥梁，扫除了高山峡谷内的通信盲区。图9-10为载运类无人机用于通信中继。

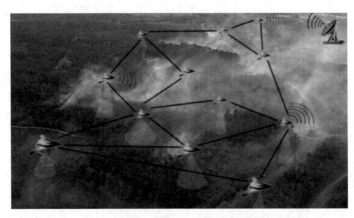

图9-10　载运类无人机用于通信中继

9.4.3　物流无人机面临的挑战

物流无人机存在多种优势但其还面临着很多其他方面的问题。

在运输行业怎么实现货物送达用户手中是一个重要问题。亚马逊目前的测试方式是在用户庭院前放置标志点，无人机定位到标志点后将货物放置在上面，这种方式在美国来说或为可行，因为美国相对中国来说，居民楼没有那么密集。在中国，这种方式则很难实施，京东将目标转移到人群居住密度较低的偏远农村而是京东在农村的城镇设置服务点，京东无人机将货物送到服务点后，由京东工作人员接手将货物送到顾客手中。物流无人机另外一个很重要的因素是监管政策问题。近年来由于无人机扰航事故频出，中国民航局发布了《民用无人驾驶航空器系统空中交通管理办法》。为了推动无人机行业的飞行标准及和规划，我国的《无人机飞行管理规定》也在制定中。目前国内无人机应用范围控制在500 m以内，超过1 000 m便有可能危及飞机航线安全，因此无人机的商业化意味着要申请多条航线，这也是一项不小的工程。除了监管政策之外，无人机的安全问题也不容忽视，飞行时间和飞行环境都考验着无人机的综合能力，只有在完善技术上的缺陷之后，无人机才能真正打开商业应用的道路。

作为通信中继平台的载运类无人机目前受驻控时间限制，如何做到持续稳定的通信中继是一个巨大挑战。由西北工业大学科研团队研发的"魅影"太阳能Wi－Fi无人机已能实现恶劣环境下空中驻留16小时，未来通过无人机Wi－Fi热点上网踏浪，应该一种途径。

9.5　其他类无人机

我国每年因自然灾害、事故灾害和社会安全事件等突发公共事件造成的经济损失高达数千亿。无人机在公共安全方面也有作为,例如照明类无人机能在紧急情况下提供照明服务,为救灾安防提供重要支援。

9.5.1　任务载荷

无人机拥有即时升空、精确飞行、转场便捷的优势,一方面能大幅度提升工作效率,另一方面能大幅度降低使用成本。目前常用的照明类无人机以长航时载机作为空中平台,以高亮探照灯为任务载荷兼具相应拍摄、图传系统,提供持久、可靠的照明服务,为指挥部提供即时的现场录像,用于夜间侦查、搜救,移动应急指挥,边界巡逻、看护等。图 9-11 所示为巡逻无人机。

图 9-11　巡逻无人机

9.5.2　公共安全类无人机优势

突发事件的主要特征,一是突发性和难以预见性;二是破坏性;三是紧迫性。因为是突然发生的、非正常的、带有破坏性的事件,极易造成公众的恐慌,所以在处理突发事件时,就带有紧迫性的特点。突发事件对应急安防的要求是:迅速判明情况,查明事件原因;实现快速响应,尽快到达现场;采取果断措施,实施正确指挥;进行紧急救援,防止事态发展;妥善安排善后,尽力减少损失。在这些环节中无人飞机都能够发挥出重要作用。具体来说,公共安全类无人飞机在处理突发事件过程中的主要作用体现在以下方面。

1)实现快速响应,在第一时间到达现场,迅速展开作业。

小型无人机只有几千克或十几千克,依靠遥控器或手提电脑就可以对其进行操控。装备该型无人机的小分队只需 2~3 人就可以完成任务。即使在道路被毁的情况下,徒步也可以到达事故现场。一架未组装起来的无人机,有的仅有一个标准行李箱那么大,放在汽车或飞机上就可以很方便地携运。有些无人机的起飞条件很简单,在汽车上就可以弹射起飞。尤其是无人直升机的起降,有块几平方米的平地就行。如果是中型无人机,通常需要车载控制设备。其保障分队一般需要配备 2~3 辆军用吉普车,具有一定的越野能力,也能在最短时间内到达现场,实现快速响应。

2)提供高亮光源用于实时监控,将现场的视、音频信息传送到指挥中心,供指挥者进行判断和决策,无人飞机提供各型强度光线,配合自带多媒体采集系统或其他专业航拍无人机,完成现场视、音频数据的采集,通过无线传输方式,传输到地面的接收机。通过对灾区或事故现场进行视、音频图像采集并及时传报给指挥中心,能够使政府相关部门掌握现场情况第一手资料,对情况的分析更加全面、准确,使判断和决策更加及时、正确,反应更加迅速,各部门以及各类救援人员的协调也会更加充分。

3)跟踪事件的发展态势,帮助群众克服恐慌开展生产自救。突发事件往往事发突然,破坏性大极易导致电力中断、通信不畅,严重情况下还会导致踩踏等二次伤害。照明类无人飞机的使用方便快捷,到达现场之后能够迅速展开,展开之后就能够不间断地提供照明服务,利于群众克服恐慌,有序撤离,生产自救,极大地降低了二次伤害。

9.6 军用无人机

军用无人机在经过几次局部战争的磨炼后,已经从支援型装备走到了战争的前沿,成为美国、以色列、法国、英国等西方国家武器装备发展的重点之一,也是我国未来武器装备发展的重点方向。军用无人机在现代战争中发挥着越来越重要的作用,并且逐渐打破了先前主要用于情报、监视、侦察等任务的传统模式,开始从单纯的传感器平台向作战平台转变。

9.6.1 军用无人机分类

根据无人机用途,将军用无人机分为靶机、侦察无人机、诱饵无人机、电子对抗无人机、攻击无人机以及其他用途的无人机。

(1)靶机

模拟飞机、导弹和其他各种飞行器的飞行状态。主要用于鉴定各种航(防)空兵器的性能和训练战斗机飞行员、防空兵器操作员。

(2)侦察无人机

侦察无人机进行战略、战役和战术侦察,监视战场,为部队的作战行动提供情报。

(3)诱饵无人机

诱饵无人机诱使敌雷达等电子侦察设备开机,获取有关信息;模拟显示假目标,引诱敌防空兵器射击,吸引敌火力,掩护己方机群突防。

(4)电子对抗无人机

电子对抗无人机对敌方飞机、指挥通信系统、地面雷达和各种电子设备实施侦察与干扰。

(5)攻击无人机

攻击无人机攻击、拦截地面和空中目标。攻击无人机携带有小型和大威力的精确制导武器、激光武器或反辐射导弹,对敌雷达、通信指挥设备、坦克等重要目标实施攻击以及拦截处于助推段的战术导弹(见图9-12)。

(6)其他用途的无人机

其他用途的无人机还可以用于目标鉴别、激光照射、远程数据传递的空中中继站、反潜、炮火校正和远方高空大气的测量以及对化学、细菌污染和核辐射的侦察等。

图 9-12 攻击无人机

9.6.2 军用无人机载荷

在未来战争中,高、中、低空和远、中、近程等各类型军用无人机将根据所搭载任务载荷分别执行侦察预警、跟踪定位、特种作战、中继通信、精确制导、信息对抗、战场搜救等各类战略和战术任务。

侦察无人机通过安装光电、雷达传感器等各种任务载荷,实现全天候的综合侦察能力,侦察方式高效多样,可以在战场上空进行高速信息扫描,也可低速飞行或者悬停凝视,为部队提供实时情报支持。图 9-13 所示为侦察无人机。

图 9-13 侦察无人机

攻击无人机将多种精确攻击武器及雷达等光电设备作为任务载荷,当发现重要目标可进行实时攻击,实现"察打结合"。其能够预先靠前部署,拦截处于助推段的战术导弹,作为要地防空时在较远距离上摧毁来袭导弹,可以减少人员伤亡并提高部队攻击能力。在北约空袭利比亚的行动中,使用"捕食者"发射"海尔法"导弹对利比亚实施空袭,对地面目标进行精确打击,还曾与米格-25战斗机交战,成为第一种直接进行空空战斗的军用无人机。

诱饵无人机通常携带雷达回波增强器或红外模拟器作为任务载荷,可起到模拟空中目标,欺骗敌方雷达和导弹,诱使敌方雷达等电子侦察设备开机,引诱敌防空兵器射击,掩护己方机群突防的作用同时还可以通过抛撒宣传品、对敌方战场喊话等手段实施心理战。

军用无人机经过多年发展,还可搭载各型通信系统、电子对抗系统、光电系统等任务载荷用于中继通信、靶机模拟、信息对抗和战场搜救。随着高技术广泛应用于无人机,军用无人机正进行脱胎换骨的变化,将以崭新的姿态飞向未来战场。

9.6.3　军用无人机发展现状

从全球军用无人机的技术水平上看,美军占据着无人机发展的制高点,军用无人机的型谱基本完备并占据大部分国际市场份额。尤其是美国"捕食者""全球鹰""死神"等无人机的列装以及在军事战争中的运用,充分展现了美军军用无人机的实时侦察、快速打击、直接瞄准和减少相关人员伤亡等军事技术优势。未来美军将会进一步加大对无人机系统的开发和应用力度,使无人机系统在未来战场上发挥更加重要的作用。

我国军用无人机技术加速追赶,产学研结合的研发体系基本建立。随着军用无人机在现代战争中的地位日益突出,我军也明确将无人机作为未来装备体系的重要力量和关键装备。各军工集团、科研机构、高等院校、民营企业纷纷进入无人机领域,近年来面向高空、高速、长航时的高端无人机技术攻关工作紧密开展。经过多年的发展,中国军用无人机研发体系日渐成形,并已经成功研制出了多款满足不同军事需求的军用无人机,而且占据着一定份额的国际市场。

9.7　无人机发展趋势

9.7.1　民用无人机发展趋势

无人机最初一直以军用为主。在 2010 年以前,军用无人机占据了市场规模的 99% 以上。然而近几年,全球范围有近 3 000 家不同规模的企业涉足民用无人机相关领域。其中 Amazon、Google、DHL 等巨头在持续进行测试。国内有大疆、亿航、极飞等专业公司以外,顺丰物流以及其他 A 股上市公司如宗申动力也加入。民用无人机市场份额已经超过 10%,远远高军用无人机的增长速度。

从国内市场来看,2016 年 11 月至 2017 年 1 月份间统计的最新数据显示,中国制造仅民用无人机出口增长就超过 9 倍,推动出口总额上升至 27 亿元,据统计,目前中国市场上大约有 400 家无人机制造商,占据全球无人机市场的 70%,其中 43% 的无人机出口到欧洲和北美等发达地区。根据 2017 年 12 月工信部颁布的《关于促进和规范民用无人机制造业发展的指导意见》指出,"到 2020 年,民用无人机产业持续快速发展,产值达到 600 亿元,年均增速 40% 以上。到 2025 年,民用无人机产值达到 1 800 亿元,年均增速 25% 以上。"可见民用无人机领域的发展势头强劲,市场潜力巨大,专业化程度高,分工细且竞争激烈。

9.7.2　未来军用无人机的发展趋势

随着各国军方对无人机发展的日益重视和投入力度的加大,世界军用无人机已经进入了加速发展的快车道。与此同时,先进布局、一体化设计、纳米复合材料、智能蒙皮/结构等前沿技术接连取得重大突破,也不断推动着无人驾驶技术水平的提高。可以预计,未来军用无人机的发展势头必然更加迅猛,并将呈现出以下趋势:

(1)无人机平台将同时向高空长航时大型化和微小型使用灵活化两极发展

一方面,无人机要想侦察监视更广阔的地域并获得尽可能完整、无盲区的情报信息,就必须进一步提升飞行高度、延长续航时间。因此,目前世界军事强国均在积极开展新型高空长航时大型无人机的研究,这类无人机飞行高度将逐步接近临近空间,并可在空中停留数周甚至数月时间,非常适合于执行持久的情报收集和战场监视任务。预计到 2030 年前后,美国等国的战略战役空中侦察监视任务将主要由卫星和高空长航时无人机共同完成,而 U-2 等传统有人驾驶侦察机将逐步退出历史舞台。

另一方面,由于微小型无人机具有质量轻、体积小、造价低、隐蔽性好、机动灵活等特点,能够监视普通侦察机探测不到的死角,非常适合城市、丛林、山地等复杂环境以及特殊条件下的特种部队和小分队作战,因而微小型化已成为无人机的另一重要发展趋势。目前世界各主要国家均在大力研制各种微小型无人机。美国不仅推出了"微星""龙眼"和"黑寡妇"等众多型号,甚至还在研究将甲虫等昆虫直接改造成微型"无人机"。图 9-14 所示为"龙眼"无人机。

图 9-14　"龙眼"无人机

(2)任务领域将不断拓展,向多样化方向发展

无人机自诞生以来,其军事价值经历了一个不断被认识和挖掘的过程。今后,由于技术推动和战场需求牵引两方面因素,军用无人机的任务领域将进一步拓展,最终将全面涉足于对地(防空压制、近距空中支援、时敏/纵深目标打击)、对海(反水面舰艇/潜艇作战)、对空(打击高价值空中目标、中远距拦截和近距格斗空战)、导弹防御(拦截弹道/巡航导弹)和网电空间(网电攻击/防御)等各个领域。为适应任务多样化的需求,今后无人机发展的一个重要途径就是机载设备采用模块化设计和开放式架构,从而使无人机可根据战场需求临时搭载相应的设备,实现"一机多用"和"即插即用",成为未来战场上的多面手。例如,同一种无人机平台,在搭载不同类型的侦察监视设备、电子战装置或战斗部后,即可在短时间内被改装成侦察、电子战甚至自杀性攻击无人机。图 9-15 所示即为多用途无人机。

图 9-15　多用途无人机

（3）任务飞行高度向临近空间发展

临近空间是指处于现有飞机最高飞行高度和卫星最低轨道高度之间的空域（通常距地表约 20～100km），它作为航天与航空的空间接合部，其潜在军事价值已得到各国军方的广泛认可，其战略意义正日益凸现。与传统飞机和卫星相比，临近空间飞行器不仅在执行 ISR、通信中继、导航预警等任务时具有独特而明显的优势，同时还可作为今后进入太空的中转平台，甚至直接配备高能激光等先进武器，因而未来军用无人机的概念必然会从无人航空器扩展到临近空间无人飞行器。目前，世界范围内抢夺临近空间领域的竞争已经展开，美国、欧洲、俄罗斯等均制订了相应的临近空间开发计划，其部分项目已处于技术研究和演示验证阶段。随着今后相关技术的成熟，临近空间无人飞行器将在未来空间攻防和信息对抗中发挥重要作用，为未来战争开辟一个全新的战场，并进一步促进空天一体化。

如我国自主研制的"翔龙"无人机（见图 9-16），机身全长 14.33 m，翼尾 24.86 m，机身高 5.413 m，巡航高度超过 18000 m，巡航速度大于 700 km/h。

图 9-16　"翔龙"无人机

（4）自主性和智能化程度将逐步提高，向全自主控制发展

控制水平是无人系统区别于有人装备，实现无人操控和执行各种任务的关键。目前，无人机的智能化水平还比较低，平台控制方式主要以简单遥控和预编程控制为主。但随着计算机运算速度和存储容量的飞跃式发展，以及相关的软件、容错、模式识别和自适应推理等技术的

巨大进步,无人机智能化水平正不断提高,无人机智能融合的交互控制方式将逐渐占据主导地位,今后将进一步向全自主控制方向发展。根据"摩尔定律",计算机运算能力每 18 个月增加 1 倍,预计到 2030 年前后将会出现接近人类智能水平的计算机。届时,无人机的全自主控制技术水平将得到很大提高,不仅可以大幅降低操作员工作负荷,最小化人为因素对无人机运行的干扰,同时也降低了无人机对通信带宽的需求,并使得无人机能够进行超视距的战术操作。届时,无人机将能更好地适应危险、独立或复杂的战场环境,同时更好地实现与有人机或其他无人机之间的协同作战。

(5)突防/生存力将进一步增强,向全向宽频隐身发展

随着先进防空武器技术的发展,未来军用无人机,尤其是无人作战飞机将会面临更加复杂严酷的战场环境。因此,非常有必要采用各种技术措施来增强自身战场突防/生存力,首要的就是进一步提高隐身性能。为此,未来无人作战飞机在通过特殊外形设计、吸/透波材料甚至等离子体等技术来获得全向(前、后和侧向)和宽频(可对付低频雷达)雷达隐身性能的同时,还将通过非常规喷管外形、燃油添加剂、隔热/屏蔽等技术来削减红外信号特征,通过先进蒙皮/涂料、凝结尾迹消除等技术来降低目视信号特征,通过低噪声发动机、吸声/隔声材料等技术来改善声学信号特征。在此基础上,再结合电子对抗、任务规划甚至配装自卫武器等措施,未来无人作战飞机突防/生存力将会得到显著提高,足以穿透敌方先进防空系统,对其严密保护的重要目标构成威胁,甚至可以保证飞机在敌方国土上空长时间巡飞,并对时间敏感目标实施有效打击。

9.7.3　民用无人机在应用领域发展预测

民用无人机领域根据用途和场景,目前可以大致分为五大类:消费类(运动、摄影或娱乐)、工业、农业、监控安防、测绘勘察及物流等。

(1)消费类无人机市场竞争激烈

国内大疆可谓开启了消费类无人机市场先河,并以 70% 的市场份额领跑,而亿航、3D Robotics 等企业紧随其后,将会尽力在这个市场分一杯羹,其他无洞察力只是跟风的同质化公司将很大可能在未来几年面临淘汰或整合,而能较快找到市场定位的公司,将赢得自己的一席之地。

(2)无人机在农业应用领域快速渗透

全球有超过 500 亿亩耕地,中国有接近 20 亿亩耕地,然后中国在农业耕地仍采用传统的方式,而欧美大型农场虽然偶尔会应用一些大型机械设计,但限于成本贵,普及率很低,对于发展中国家来说,这类设备更是远超普通农户的购买力。而价格平民化的民用无人机,未来将助全球农业产业模式大大升级。比如可以通过全自动无人机低空低速飞行来喷洒农药,不但可以有效防止农药对农民身体伤害,同时也大大提高了效率,节省了劳动力(见图 9-17)。假设中国 20% 的耕地面积使用无人机服务,需求量将超过 20 万架无人机,机身销售加上服务市场规模将在百亿美金以上。在国外,日本在这个领域走在前面,有超过 10 000 名从业人员操作 2 000 架无人机进行农业应用。美国的 Precision Hawk,SenseFly,Airware,AscTec 也在专注农业无人机的研发和应用。据了解,极飞仅在新疆就有 50 万亩作业面积,相对于 18 亿亩的市场规模,还有相当大的上升潜力。此外,北京的航瑞斯也已经在进行无人机"万亩方"培训班,培养农业无人机操作人员,对农田进行植被保护的服务。国内最早的无人机企业之一极飞科技,从农业切入,找到了广阔的市场空间。虽然无人机有农业的应用,很好地规避了全球大部

分市场的空域管理限制,可以说普及起来将很快速,但是无人机由于需要负重飞行,对飞行控制、稳定性、巡航能力都有更高的要求,从技术上有别于目前主流的无人机产品,有一定的技术壁垒。

图 9-17　无人机喷洒农药

(3)监控安防、测绘勘察领域目前格局还不明朗

目前美国在这个领域的主要创业公司有 Draganfly,AscTec,Skycatch,Airware 等。国内企业有海康威视、韦加科技、零度质控、Insight Robot 等。其主要收入模式包括产品销售,按需服务以及整体服务协议。按需服务在商业模式上更贴合这个领域的需求,对于用户来说不需要购买无人飞机,也无需学习无人机的操作,直接根据需要预定服务,按照服务质量进行付费。此外,受到法律法规的限制较少,也是不少初创公司选择切入这个市场的主要原因。但后期随着国家法规政策逐渐健全,这类无人机产业前景将如何还是一个未知数。

(4)无人机在物流行业的应用困难重重

全球许多公司仍然在不遗余力地试图利用无人机解决"最后一公里"的物流难题。2016年11月,亚马逊发布了可进行递送包裹服务的无人机 Prime Air,并表示将来无人机能够帮助亚马逊的包裹递送时间缩短至30分钟以内。不过,利用无人机进行包裹递送服务的并不只有亚马逊一家,美国零售商巨头沃尔玛在2016年10月份的时候也宣布,该公司向美国联邦航空管理局递交了申请文件,计划展开将无人机用于快递和增强仓库管理的可能性测试,并来进行这一测。另外顺丰则选择了合作的方式来试水,宣布和极飞科技合作,利用其专门开发的物流系统和无人机来递送少量包裹。两家传统物流公司的试验都不约而同地选择了偏远的山区,以规避潜在的种种风险。无人机快递从被提出的第一天就充满了争议。法规限制一直是最大的障碍。但是从各国政府态度的逐渐转变,可以看到无人机运输带来的利好被渐渐认可。

(5)无人机在电力行业将迎来新阶段。

随着经济的发展和科技的进步,无人机技术已经越来越成熟,利用无人机巡检电力系统线路,不仅降低了在人工巡检过程中出现的故障率,也有效地降低了电力企业的成本预算,还提高了电力巡检工作的效率。目前国家电网和南方电网相关部门正在着力推进无人机班组建设、完善各类保障支撑体系,为无人机在电力行业的广泛应用做好全面准备工作,无人机将迎来全面推广应用的新阶段。在电力行业,无人机主要被应用于架空输电线路巡检,为此国家电网发布了 Q/GDW 11383－2015《架空输电线路无人机巡检系统配置导则》、南方电网发布了《架空输电线路机巡光电吊舱技术规范(试行)》、中电联发布了 DL/T 1482－2015《架空输电线路无人机巡检作业技术导则》,对无人机巡检系统及光电吊舱进行规范。除了实现线路巡检外,还能辅助实现线路架设和线路规划。

课　后　练　习

1.请就单旋翼植保无人机与多旋翼植保无人机优缺点列表比对。

2.2015 年发布的四项国家电网无人机巡检企业标准是什么?

3.请就电动云台与固定云台各自特点对比分析。

4.载运无人机目前还不能大规模商业应用的原因是什么?

5.请列举三架著名军用无人机。

6.请详细描述军用无人机未来发展趋势。

第 10 章　无人机社会管理

无人机应用逐渐普及,同时带来了很多社会问题。为抑制这些隐患,反无人机技术应运而生,并且国家各层面制订了相关法规政策进行规范管理。

(1) 了解无人机引发的社会问题。

(2) 了解常见的反无人机技术。

(3) 掌握无人机管理方面相关法规政策。

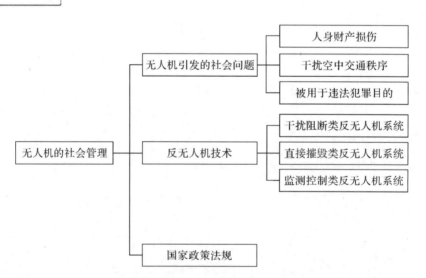

随着科技的进步和人们生活水平的提高,无人机应用逐渐普及。航拍美景、巡查交通、测绘地形、喷洒农药、投送快递、餐厅点菜……这些轻巧便捷的"小精灵"不断满足人们丰富而多样的需求,为人们的工作和生活提供便利。针无双头利,蔗无两头甜。无人机应用场景的扩大,也带来风险和隐患。数据显示,截至 2015 年底,我国无人机驾驶员合格证总数仅为 2 142 个,而无人机数量却有数万台,多数无人机飞行处于"黑飞"状态。没有培训、没有申报的无人机驾驶,不仅影响人们的生命财产安全,也会威胁公共安全、飞行安全甚至是空防安全。由无

人机带来的社会风险问题不可忽视。

10.1　无人机引发的社会问题

（1）人身财产损伤

不同产品可容忍的最低可靠性指标是不一样的，风险也会不一样。比如，对于个人操作系统，死机并不会对用户带来太多的损失，重启电脑即可。然而，如果无人机坠机，那么损失会很大，进而造成一系列影响。无人机会出现操作不当或者电子机械传动、无线电信号传输故障，以及飞行前检查不细出现的意外事故。它不像遥控汽车或遥控船模，出现故障后可以靠边停泊，遥控飞行器一旦出现空中故障，面临的就是坠毁，在人口密集地区出现此类问题，极有可能导致人伤物损

（2）干扰空中交通秩序

无人机的理论海拔高度和目视操作一般小于 1 000 m，而直升机的飞行航线有时只有 400 m 高度，一些城市管理需要，做低空航线飞行甚至还在这个高度之下。这样两者之间存在空中交汇冲突点，一旦发生意外，后果不堪设想。

2013 年 12 月，北京某科技公司的 3 名员工，在没有航拍资质、未申请空域的情况下，操纵燃油助力航模无人机进行航空测绘，造成多架民航飞机避让、延误，军队出动直升机迫降的后果。由于没有申请空域，在该航模进行飞行拍摄的过程中，空军雷达监测发现为不明飞行物，空军有关部门出动两架直升机升空拦截将其迫降。为处置此次事件，北京军区空军组织各级指挥机构和部队共 1 226 人参与处置，两架歼击机待命升空，两架直升机升空，雷达开机 26 部，动用车辆 123 台。

2015 年 11 月，美国圣路易斯儿童医院的一架医用直升机为了躲避迎面而来的无人机进行急转弯，差点引发一场灾难。

（3）被用于违法犯罪目的

无人机大规模扩张使用，在毫无察觉的情况下，有可能使各种重要国防设施等需要保密的地面情况敞露无遗以及用于偷拍他人隐私等。无人机中的多旋翼飞行器，不需要很大的起降场地，恐怖分子完全可以将挂载有数公斤爆炸物的飞行器在目标地点 1 km 乃至更远的地方进行空中突袭。此类飞行器的有效雷达反射截面极小，被成功拦截的可能性非常低。

2014 年 8 月，马萨诸塞州的一名恐怖分子企图用装有 GPS 系统的无人机炸掉五角大楼和美国国会大厦，被判处 17 年有期徒刑。韩国青瓦台、法国爱丽舍宫、巴黎铁塔、美国白宫、日本首相官邸等地，均遭到过不明无人机的擅自闯入。

那么，如何才能有效地避免这些问题呢？可以从以下几个方面考虑。

（1）提高飞行器自身的可靠性、安全性

1）硬件方面，购买质量有保证的元器件。软件方面，需要进行大量的测试和考虑安全实效保护措施。这需要花费大量的人力和物力。因此，对于掌握飞控方面核心技术和具备开发能力，十分重要。

2）减少飞行器下降带来的冲击，减轻重量是最有效的方法，这会随着设备的小型化和材料的轻型化实现。另外一方面，多旋翼装载降落伞也是一种选择。

（2）加强无人机管理

1）为飞机编写 ID 号（飞机编号）。这就像车辆需要有车牌号一样，每架多旋翼也需要有个 ID 号。这样可有效减少不法人员对多旋翼飞行器的滥用。

2）设置禁飞区。只要不在人口密集区飞行，坠机对人类的伤害就不会很大。但在人口密集区域，坠机的负面影响便会大大增加。因为，除非特批，无人机在人口密集区域不应飞行。此外，在人口稀少地带，操作人员可以采用运营商联动的方式，利用短信群发功能通知周边人员，以提高安全系数。

3）发展先进空管技术。2014 年，Airware 计划在 NASA 加州基地针对不同类型的无人机（四旋翼、直升机、固定翼飞机）展开一系列的飞行和实验室测试，最快可能会在今年开始该项目。测试第一阶段的目标是理解不同的飞行器对空管系统的响应方式。

初创公司 Skyward 正在研发无人机交通控制系统，这套系统使数千无人机在城市上空飞行而不会互相碰撞。Skyward 正在跟 FAA 和全球三大无人机制造商（大疆、3D Robotics、Parrot）合作以证明大量的无人机可以在拥挤空域安全地共存。NASA 同空间技术公司 Exelis 已经联手组成团队开发无人机空中交通管制系统的原型产品。

（3）重视信息安全

多旋翼在飞行过程中可能被盗或发生数据泄漏，进而引发安全事故。例如在 2012 年，德克萨斯大学某一研究团队告知美国国会，他们可以利用商店买来的 GPS 设备入侵价值 8 万美元的无人机系统内部。为了防止类似情况发生，多旋翼需要更安全的设计，包括通信链路加密、防病毒设计等等。

10.2　反无人机技术

随着无人机技术的出现与发展，人们的生活以及战争的形态发生了变化，但是也带来了很多安全问题。无人机技术最先应用于军事领域，为求达到军事实力上的平衡，随着军事科技的发展，世界各国都在积极研发反无人机技术。当无人机技术应用于民用领域时，却隐藏着无法忽视的安全隐患，比如偷拍，扰民，窃取商业机密，传播机密信息，扰乱航班起降，甚至应用于暴力犯罪和恐怖活动等等。所以，无人机不能变成无人管。无论在军用还是民用领域，无人机的飞行必须受到监管和限制，当无人机脱离监管和限制或者出现伤及他人的情况时，反无人机技术应运而生。

目前，各国反无人机技术主要有声波干扰、信号干扰、黑客技术、激光炮、"反无人机"无人机、夺取无线电控制等，特点和效果各有不同，但总体上可以分为三大类：

（1）干扰阻断类反无人机系统

应用较为广泛的是向无人机发射定向的大功率干扰射频，切断无人机与遥控器之间的通讯，从而迫使无人机自行降落或者返航。

（2）直接摧毁类反无人机系统

较为典型的是美国波音公司和中国工程物理研究院研制的反无人机系统，这类系统多以激光武器为平台对无人机进行摧毁。

（3）监测控制类反无人机系统

无论是干扰阻断还是直接摧毁，都容易造成无人机的坠机并带来额外的影响。为了避免这种情况的发生,人们希望借助阻截无人机使用的传输代码,进而控制无人机,甚至引导其返航。英国日前研发出了一种新的"反无人机防御系统(AUDS)",它利用无人机本身的通信系统来对付无人机。

10.3　我国相关法律法规

我国对于民用无人机的管理,2009 年以来就陆续出台过《民用无人机空中交通管理规定》《民用无人机适航管理工作会议纪要》《民用无人驾驶航空器系统驾驶员管理暂行规定》《低空域使用管理规定》等规定。

2009 年 6 月 26 日下发的《民用无人机空中交通管理办法》规定:"组织实施民用无人机活动的单位和个人应当按照《通用航空飞行管制条例》等规定申请划设和使用空域,接受飞行活动管理和空中交通服务"。

2013 年 11 月 18 日,《民用无人驾驶航空器系统驾驶员管理暂行规定》正式发布,划分了微型无人机、轻型无人机、小型无人机和大型无人机,并要求分类管理。

2015 年 4 月,中国航空器拥有者及驾驶员协会(中国 AOPA)获得中国民航局授予的无人机驾驶人员资质管理权。据悉,这是中国 AOPA 第二次获得民航局授权。第一次批复授权一年时间,第二次批复授权时间是 2015 年 4 月 30 日—2018 年 4 月 30 日(今后每三年审批一次)。

2015 年 12 月 29 日,民航局发布《轻小无人机运行规定(试行)》,将轻小型无人机细化成七大类,且要求部分无人机接入无人机云和使用电子围栏。

综合以上可以看出,随着无人机应用的增多,为保证行业健康、有序发展,我国也加快了制定管理规定的步伐。最近几年,我国对无人机及其驾驶员的管理都在逐步细化和规范。无人机行业正在迈向有法可依时代。

课　后　练　习

1. 请就无人机引发的社会问题做详细分析。
2. 请就目前反无人机技术做详细分析。
3. 目前我国针对无人机出台的政策法规都有哪些,请至少列举三项。
4. 请谈谈你对解决无人机所引发社会问题的建议。

参 考 文 献

[1] 史超礼.航空概论[M].北京:国防工业出版社,1978.

[2] 过崇伟.航空航天技术概论[M].北京:北京航空航天大学出版社,1992.

[3] 何庆芝.航空航天概论[M].北京:北京航空航天大学出版社,1978.

[4] 昂海松,童明波,余熊庆.航空航天概论[M].2版.北京:国防工业出版社,2015.

[5] 闻新,成奕东,秦钰琦,等.航空航天知识与技术[M].2版.北京:国防工业出版社,2015.

[6] 符长青,曹炳编.多旋翼无人机技术基础[M].北京:清华大学出版社,2017.

[7] 李红军.航天航空概论[M].2版.北京:北京航空航天大学出版社,2011.

[8] 杨莉,沈海军.航空航天概论[M].北京:航空工业出版社,2011.

[9] 《新航空概论》编写组.新航空概论[M].北京:航空工业出版社,2010.

[10] 王云.航空航天概论[M].北京:北京航空航天大学出版社,2009.

[11] 宋笔锋.航空航天技术概论[M].北京:国防工业出版社,2006.

[12] 陈东林.航空概论[M].北京:国防工业出版社,2008.

[13] 褚桂柏.航空概论[M].北京:中国宇航出版社,2002.

[14] 刘大响,陈光.航空发动机——飞机的心脏[M].北京:航空工业出版社,2003.

[15] 杨华保.飞机原理与构造[M].西安:西北工业大学出版社,2002.

[16] 中国人民解放军总装备部军事训练教材编辑工作委员会.航天器[M].北京:国防工业出版社,2006.

[17] 戚发轫.载人航天器技术[M].北京:国防工业出版社,2001.

[18] 朱也夫,马卡伦.冲压和火箭冲压发动机原理[M].北京:国防工业出版社,1975.

[19] 顾诵芬.飞机总体设计[M].北京:北京航空航天大学出版社,2001.

[20] 顾诵芬.科学技术:航空卷[M].济南:山东教育出版社,1998.

[21] 闵桂荣.科学技术:航天卷[M].济南:山东教育出版社,1998.

[22] 罗尔斯·罗伊斯公司.喷气发动机[M].刘树声,等译.北京:国防工业出版社,1975.

[23] 中国大百科全书总编辑委员会《航空航天》编辑委员会.中国大百科全书:航空航天[M].北京:中国大百科全书出版社,1985.

[24] 张钟林.国防科技名词大典·航空[M].北京:航空工业出版社,2002.

[25] 姜长英.中国航空史[M].北京:清华大学出版社,2000.

[26] 《中国飞机》编委会.中国飞机[M].北京:航空工业出版社,1997.

[27] 《人类与太空》编委会.人类与太空[M].北京:长虹出版公司,1999.

[28] 栾恩杰.航天[M].北京:宇航出版社,1999.

[29] 文裕武,温清澄.现代直升机应用及发展[M].北京:航空工业出版社,2000.

[30] 张云阁.世界飞机手册[M].北京:航空工业出版社,2001.